|就业技能培训教材|

数控车床操作基本技能

（第2版）

主　编　田大伟　崔　林

中国劳动社会保障出版社

图书在版编目（CIP）数据

数控车床操作基本技能 / 田大伟，崔林主编. -- 2版. --北京：中国劳动社会保障出版社，2024.（就业技能培训教材）. --ISBN 978-7-5167-6622-4

Ⅰ.TG519.1

中国国家版本馆 CIP 数据核字第 2024YR8009 号

中国劳动社会保障出版社出版发行

（北京市惠新东街 1 号　邮政编码：100029）

*

北京鑫海金澳胶印有限公司印刷装订　新华书店经销
880 毫米×1230 毫米　32 开本　8.875 印张　207 千字
2024 年 12 月第 2 版　2024 年 12 月第 1 次印刷
定价：22.00 元

营销中心电话：400-606-6496
出版社网址：https://www.class.com.cn

版权专有　　侵权必究

如有印装差错，请与本社联系调换：(010) 81211666
我社将与版权执法机关配合，大力打击盗印、销售和使用盗版图书活动，敬请广大读者协助举报，经查实将给予举报者奖励。
举报电话：(010) 64954652

前　言

就业技能培训是终身职业技能培训体系的重要组成部分。就业技能培训系列教材是为适应开展就业技能培训的需要，提升就业技能培训的针对性和有效性，促进就业技能培训规范化、高质量发展而组织开发的。本套教材以相应职业（工种）的国家职业标准和岗位要求为依据，力求体现以下特点：

全。教材覆盖各类就业技能培训，涉及职业素质类，农业技能类，生产、运输业技能类，服务业技能类，其他技能类五大类。

精。教材中只讲述必要的知识和技能，强调实用和够用，将最有效的就业技能传授给受培训者。

易。内容通俗易懂，图文并茂，易于学习。

教材编写是一项探索性工作，由于时间紧迫，不足之处在所难免。欢迎各使用单位和读者提出宝贵意见和建议，以便教材修订时补充更正。

内 容 简 介

本书以《国家职业技能标准车工（2018年版）》为依据进行编写，主要介绍数控车削过程中编程与加工的方法与经验，重点培养数控车工的实践能力，强调典型结构零件的编程、加工过程。考虑目前企业常用的数控设备种类，教材采用FANUC Oi Mate-TC数控系统进行编程与操作的讲解，并且补充了各类主流数控系统最新功能以及先进的工艺路线和加工方法，使教材更有可操作性和实用性，力争为数控加工制造领域人才的培养起到促进作用。

本书内容包括数控机床基础知识，数控车削加工工艺基础知识，数控车床仿真加工，数控车床操作、维护与保养，零件的数控车床加工，技能综合训练。

本书内容充实，实用性强，图文并茂，通俗易懂。通过本书的学习，学员在理论知识和操作技能上能够达到从事数控车床工作的基本要求，且能运用这些知识和技能解决生产中的相关问题。

本书由田大伟、崔林主编，张宁、胡克平参编。

目 录

第1单元 数控机床基础知识 …………………………………… 1

模块1 认识数控机床 …………………………………………… 1
模块2 数控机床的组成及工作原理 …………………………… 7
模块3 数控机床的分类 ………………………………………… 18

第2单元 数控车削加工工艺基础知识 ………………………… 25

模块1 数控加工工艺制定 ……………………………………… 25
模块2 工件在数控车床上的定位与装夹 ……………………… 37
模块3 数控车床刀具的选择 …………………………………… 44
模块4 数控机床坐标系统 ……………………………………… 64
模块5 数控车削编程 …………………………………………… 69

第3单元 数控车床仿真加工 …………………………………… 85

模块1 数控仿真软件介绍 ……………………………………… 85
模块2 数控仿真软件的应用 …………………………………… 92
模块3 数控仿真软件加工实例 ………………………………… 112

第 4 单元　数控车床操作、维护与保养 ······ 125

模块 1　FANUC Oi Mate-TC 数控车床介绍 ······ 125

模块 2　FANUC Oi Mate-TC 数控车床基本操作 ······ 131

模块 3　数控车床的日常维护与保养 ······ 141

第 5 单元　零件的数控车床加工 ······ 145

模块 1　外圆柱面的加工 ······ 145

模块 2　外圆锥面的加工 ······ 157

模块 3　端面的加工 ······ 166

模块 4　外圆弧面的加工 ······ 174

模块 5　外圆粗车复合循环 G71/G70 的应用 ······ 190

模块 6　封闭切削复合循环 G73/G70 的应用 ······ 201

模块 7　螺纹的加工 ······ 211

第 6 单元　技能综合训练 ······ 249

模块 1　综合训练课题一 ······ 249

模块 2　综合训练课题二 ······ 258

培训建议 ······ 267

附件 1　FANUC Oi Mate-TC 系统常用的准备功能指令 ······ 271

附件 2　数控车床操作规范 ······ 273

参考文献 ······ 274

第1单元 数控机床基础知识

模块1 认识数控机床

【学习目标】
1. 了解数控机床的产生及数控加工的发展趋势。
2. 了解数控机床的加工过程。

数控机床是数字控制机床（Computer Numerical Control Machine Tools）的简称，是一种装有程序控制系统的自动化机床。由于数控机床具有加工精度高、质量稳定、生产效率高等优点，越来越多的企业用数控机床替代普通机床，作为生产加工的主要设备。了解数控机床的产生、发展和机床的结构、原理，掌握数控机床的使用方法，已成为机械行业技术推广的重要内容。

一、数控机床的产生及基本概念

随着科学技术和社会生产的不断发展，机械制造技术发生了深刻的变化，机械产品的结构日趋合理，其性能、精度和效率日趋提高，因此必然对加工机械产品的生产设备提出高性能、高精度和高自动化的要求。

在当代机械产品中，单件和小批量产品占到70%~80%。由于这类产品的生产批量小、品种多，一般都采用通用机床加工，而通用机床自动化程度不高,难以提高生产率和保证产品质量。于是,实现这类产品生产自动化成为机械制造业长期未能解决的难题。

为解决大批量生产的产品的高产、优质问题,一般采用专用机床、组合机床、专用自动化机床以及专用自动生产线和自动化车间进行生产。但这类产品生产周期长,产品改型不易,因而使新产品的开发周期增长,使用的生产设备柔性较差。

现代机械产品的一些关键零部件往往都精密复杂、加工批量小、改型频繁,显然不能在专用机床或组合机床上加工,而是借助靠模和仿形机床,或者借助划线和样板用手工操作的方法来加工,加工精度和生产率受到很大限制。特别是空间的复杂曲线、曲面,在普通机床上根本无法加工。

为了解决单件、小批量生产,特别是复杂形面零件的自动化加工问题,一种灵活、通用、高精度、高效率的"柔性"自动化生产设备——数控机床应运而生。自1952年美国帕森斯公司与麻省理工学院合作研制了第一台三坐标立式数控铣床以来,机械制造发生了以计算机数字控制(CNC)为标志的技术革命,使行业发展进入了一个新的阶段。随着CNC技术、信息技术、网络技术以及系统工程学的发展,在20世纪60年代先后形成了直接数字控制(DNC)系统、柔性制造单元(FMC)、柔性制造系统(FMS)、计算机集成制造系统(CIMS)等一系列重大成果。

数字控制(Numerical Control)技术简称NC,它是采用数字化信息实现加工自动化的控制技术。用数字化信号对机床的运动及其加工过程进行控制的车床称为数控车床,如图1-1所示。

数控车床就是将加工过程所需的各种操作(如主轴变速、松夹工件、进刀与退刀、启动与停止、自动开关冷却液等)步骤以及工件的形状尺寸,用数字化的代码表示,通过控制介质将数字信息送

图 1-1　数控车床

到数控装置，数控装置对输入的信息进行处理与运算，发出各种信号，控制机床的伺服系统或其他驱动元件，使机床自动加工出所需要的工件。

与普通车床相比，数控车床是由软件程序、输入/输出设备、运算及控制装置、伺服驱动装置、机床本体、机电接口等组成的，适合加工精度高、形状复杂的回转体零件。

数控加工是机械制造领域先进的加工技术。它的广泛使用给机械制造业的生产方式、产品结构及产业结构带来了深刻的变化，使机械制造业的生产面貌焕然一新，为工业经济向高端发展奠定了良好的基础。

二、数控加工的基本过程

数控加工泛指在数控机床上进行零件加工的工艺过程。数控机床是一种用计算机来控制的机床。用来控制机床的计算机，无论是专用计算机，还是通用计算机，统称为数控系统。数控机床的运动和辅助动作均受控于数控系统发出的指令，而数控系统的指令是由程序员根据工件的材质、加工要求、机床的特性和系统所规定的指令格式（数控语言或符号）编制的。

所谓编程，就是把被加工零件的工艺过程、工艺参数、运动要求用数字指令形式（数控语言）记录在介质上，并输入数控系统。数控系统根据程序指令向伺服装置和其他功能部件发出运行或停止信息来控制机床的各种运动。当零件的加工程序结束时，机床便会自动停止。任何一种数控机床，其数控系统中若没有输入程序指令，数控机床就不能工作。机床的受控动作大致包括：机床的启动、停止，主轴的启停、旋转方向和转速的变换，进给运动的方向、速度和方式的变换，刀具的选择、长度和半径的补偿，刀具的更换，切削液的开启、关闭等。

图1-2所示是数控机床加工过程框图。从图中可以看出，在数控机床上加工零件所涉及的范围比较广，与相关的配套技术有密切的关系。数控加工程序的编制方法有手工（人工）编程和自动编程之分。手工编程时，程序的全部内容是由人工按数控系统所规定的指令格式编写的。自动编程即计算机编程，可分为以语言为基础的自动编程和以绘图为基础的自动编程。但是，无论采用何种自动编程方法，都需要有相应配套的硬件和软件。由此可见，实现数控加工，编程是关键。但光有编程是不行的，数控加工还包括编程前必须做的一系列准备工作及编程后的后处理工作。一般来说，数控加工工艺主要包括的内容如下。

（1）选择并确定进行数控加工零件及内容。
（2）对零件图样进行数控加工工艺分析。
（3）进行数控加工工艺设计。
（4）对零件图样进行数学处理。
（5）编制及输入加工程序。
（6）校验与修改加工程序。
（7）首件试切加工与现场问题处理。
（8）数控加工工艺文件定型与归档。

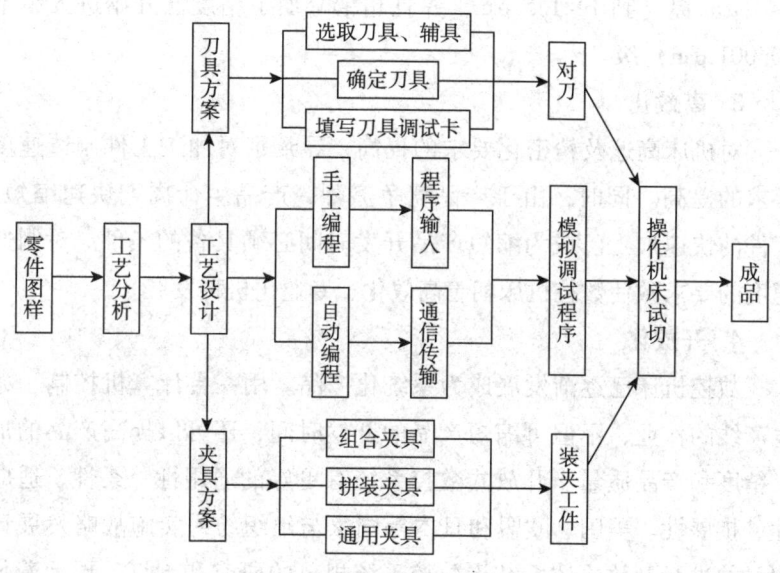

图 1-2 数控机床加工过程框图

三、数控加工的发展趋势

1. 高速化

目前，世界上许多汽车、飞机制造商已经采用以高速加工中心组成的生产线部分替代组合机床。美国辛辛那提公司的 HyperMach 机床进给速度最大达到 60 m/min，快移速度为 100 m/min，加速度达 2 g（g 为重力加速度），主轴转速已达到 60 000 r/min，用它加工一薄壁飞机零件只用 30 min。而同样的零件在一般高速铣床加工需 3 h，在普通铣床加工需 8 h。由于机构各组件分工的专业化，数控机床的主轴高速化日益普及。

2. 精密化

由于计算机辅助生产系统的发展，促使数控控制器的功能越来越多。近年来，在加工精度方面，普通级数控机床的加工精度已由

$3\sim5~\mu m$ 提高到 $1\sim1.5~\mu m$，并且超精密加工精度已开始进入纳米（$0.001~\mu m$）级。

3. 高效化

对机床高速及精密化要求的提高，导致了对加工工件制造速度要求的提高。同时，由于产品竞争激烈，产品生命周期快速缩短，工件的快速加工已成为缩短产品开发时间必须具备的条件。对制造速度的要求致使数控机床朝着高效化、专业化机种发展。

4. 开放化

数控机床已逐渐发展成为系统化产品。用一台计算机控制一条生产线的作业，不但可缩短产品的开发时间，还可以提高产品的加工精度和产品质量。开放式数控系统有更好的通用性、柔性、适应性、扩展性。美国、欧盟和日本等国家与组织纷纷实施战略发展计划，并进行开放式体系结构数控系统规范的研究和制订，预示着数控技术一个新的变革时期的来临。

5. 复合化

产品外观曲线的复杂化要求加工技术必须不断升级，机床五轴加工、六轴加工已日益普及。机床加工的复合化已是不可避免的发展趋势。新日本工机的五面加工机床采用复合主轴头，可实现四个垂直平面的加工及任意角度的加工，使得五面加工和五轴加工可在同一台机床上实现，还可实现倾斜面和倒锥孔的加工。德国德玛吉公司的 DMUVoution 系列加工中心，可在一次装夹下进行五面加工和五轴联动加工。

【思考与练习】

1. 什么是数控机床？
2. 数控加工的发展趋势有哪些？

模块 2　数控机床的组成及工作原理

【学习目标】
1. 掌握数控机床的组成及基本原理。
2. 掌握各组成部分的性能和特点。

一、数控机床的组成

数控机床一般由计算机数控系统和机床本体两部分组成,其中,计算机数控系统是由输入/输出设备、计算机数控装置(CNC 装置或 CNC 单元)、可编程控制器(Programmable Logic Controller, PLC)、主轴驱动装置和进给驱动装置等组成的一个整体系统,如图 1-3 所示。

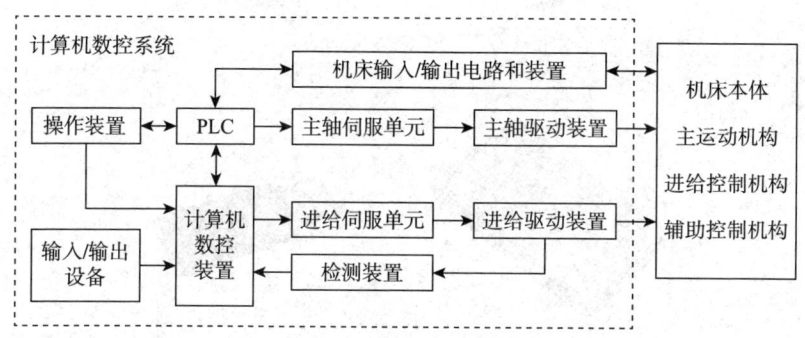

图 1-3　数控机床的组成

1. 输入/输出设备

数控机床在进行加工前,必须接收由操作人员输入的零件加工程序,然后才能根据输入的零件加工程序进行加工控制,从而加工出所需的零件。此外,数控机床中常用的零件加工程序有时也需要在系统外备份或保存。因此,数控机床必须具备必要的交互装置,即输入/输出设备来完成零件加工程序或系统参数的输入或输出。

零件加工程序一般存放于便于与数控机床交互的一种控制介质上。现代数控机床常用移动硬盘、U 盘、CF 卡及其他半导体存储器等控制介质。此外,现代数控机床也可以不用控制介质,直接由操作人员手动数据输入(Manual Data Input,MDI),由键盘输入零件加工程序,或采用通信方式进行零件加工程序的输入与输出。目前数控机床常采用的通信方式:串行通信(RS232、RS422、RS485等);自动控制专用接口和规范,如 DNC 方式、MAP(Manufacturing Automation Protocol)协议等;网络通信(Internet、Intranet、LAN等)及无线通信(无线接收装置、智能终端)等。图 1-4 所示为现在常用的控制介质及输入/输出设备。

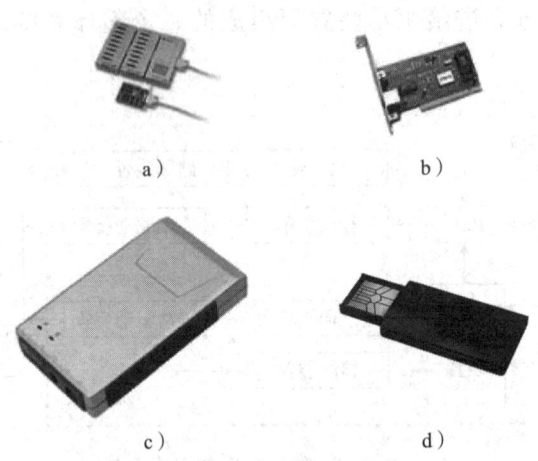

图 1-4 常用控制介质及输入/输出设备
a)串行通信卡 b)网卡 c)移动硬盘 d)U 盘

2. 操作装置

操作装置是操作人员与数控机床(系统)进行交互的工具。一方面，操作人员可以通过它对数控机床（系统）进行操作、编程、调试或对机床参数进行设定和修改；另一方面，操作人员也可以通过它了解或查询数控机床（系统）的运行状态。操作装置是数控机床特有的一个输入/输出部件。操作装置主要由显示装置、NC 键盘（功能类似于计算机键盘的按键阵列）、机床控制面板（Machine Control Panel，MCP）、状态灯、手持单元等部分组成。图 1-5 所示为 FANUC（发那科）系统的操作装置，其他数控系统的操作装置布局与其大同小异。

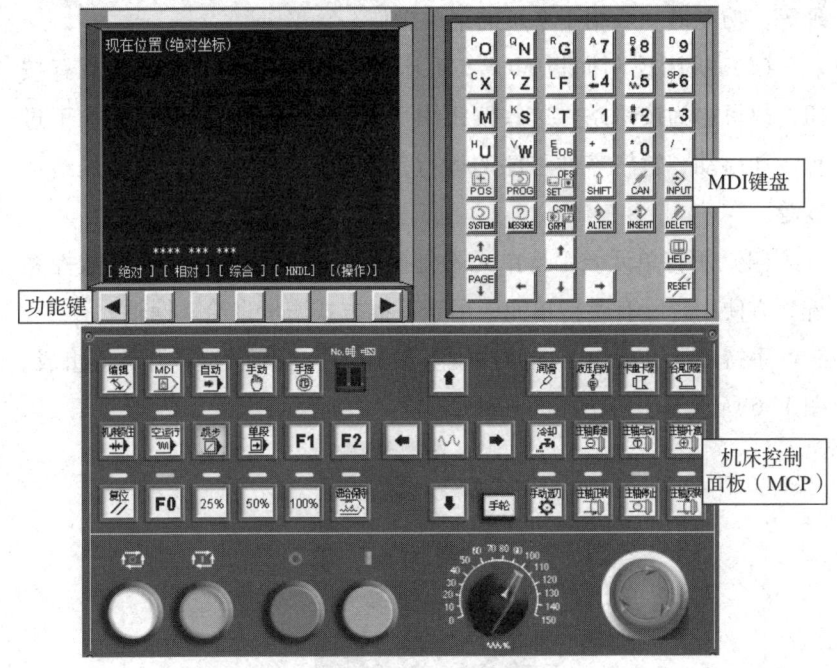

图 1-5　FANUC 系统操作装置

（1）显示装置。数控系统通过显示装置为操作人员提供必要的信息，根据系统所处的状态和操作命令不同，显示的信息可以是正在编辑的程序、正在运行的程序、机床的加工状态、机床坐标轴指令/实际坐标值、加工轨迹的图形仿真、故障报警信号等。

较简单的显示装置只有若干个数码管，只能显示字符，显示的信息也很有限；较高级的显示装置一般配有 CRT 显示器或点阵式液晶显示器，一般能显示图形，显示的信息较丰富。

（2）NC 键盘。NC 键盘包括 MDI 键盘及软键（功能键）等。MDI 键盘一般具有标准化的字母、数字和符号（有的通过上档键实现），主要用于零件加工程序的编辑、参数输入、MDI 操作及系统管理等。功能键一般用于系统的菜单操作。

（3）机床控制面板 MCP。机床控制面板集中了系统的所有按钮，故可称为按钮站。这些按钮用于直接控制机床的动作或加工过程，如启动、暂停零件程序的运行，手动进给坐标轴，调整进给速度等。

（4）手持单元。手持单元不是操作装置的必需件，有些数控系统为方便用户配有手持单元，用于手摇方式增量进给坐标轴。

手持单元一般由手摇脉冲发生器 MPG、坐标轴选择开关等组成。图 1-6 所示为手持单元的一种形式。

图 1-6 手持单元

3. 计算机数控装置（CNC 装置或 CNC 单元）

图 1-7 所示为计算机数控装置，它是计算机数控系统的核心。其主要作用是根据输入的零件程序和操作指令进行相应处理（如运动轨迹处理、机床输入/输出处理等），然后输出控制命令到相应的执行部件（伺服单元、驱动装置和 PLC 等）控制其动作，加工出需要的零件。所有这些工作都是由 CNC 装置内的系统程序（控制程序）进行合理地组织，在 CNC 装置硬件的协调配合下，有条不紊地进行的。

4. 可编程控制器

可编程控制器（PLC）是一种以微处理器为基础的通用型自动控制装置。它是专为在工业环境下应用而设计的。

在数控机床中，PLC 主要完成与逻辑运算有关的一些顺序动作的输入/输出控制，它和实现输入/输出控制的执行部件——机床输入/输出电路（由继电器、电磁阀、行程开关、接触器等组成的逻辑电路）和装置一起，共同完成以下任务。

（1）接受 CNC 装置的控制代码 M（辅助功能）、S（主轴功能）、T（刀具功能）等顺序动作信息，对其进行译码，转换成对应的控制信号。一方面，控制主轴单元实现主轴转速控制；另一方面，控制辅助装置完成机床相应的开关动作，如卡盘的夹紧和松开（工件的装夹）、刀具的自动更换、切削液的开关、机械手取送刀、主轴正反转和停止等动作。

（2）接受机床控制面板（循环启动、进给保持、手动进给等）和机床侧（行程开关、压力开关、温控开关等）的输入/输出信号，一部分信号直接控制机床的动作，另一部分信号送往 CNC 装置，经其处理后输出指令控制 CNC 装置的工作状态和机床的动作。

用于数控机床的 PLC 一般分为内装型（集成型）和通用型（独

5. 伺服机构

伺服机构是数控机床的执行机构，由驱动和执行两大部分组成，如图 1-8 所示。它接受数控装置的指令信息，并按指令信息的要求控制执行部件的进给速度、方向和位移。指令信息是以脉冲信息体现的，一个脉冲使机床移动部件产生的位移量称为脉冲当量。常用的脉冲当量为 0.001~0.01 mm。

图 1-7 计算机数控装置

图 1-8 伺服机构
a) 伺服电动机 b) 驱动装置

目前，数控机床的伺服机构中常用的位移执行机构有步进电动机、直流伺服电动机、交流伺服电动机和直线电动机。

6. 检测装置

检测装置也称反馈装置，用于对数控机床运动部件的位置及速度进行检测，通常安装在机床的工作台、丝杠或驱动电动机转轴上，相当于普通机床的刻度盘和人的眼睛。它把机床工作台的实际位移或速度转变成电信号反馈给 CNC 装置或伺服驱动系统，与指令信号进行比较，以实现位置或速度的闭环控制。按有无检测装置，数控机床可分为开环（无检测装置）数控机床与闭环（有检测装置）数控机床。开环数控机床的控制精度取决于步进电动机和丝杠的精度，闭环数控机床的控制精度取决于检测装置的精度。因此，检测装置是高性能数控机床的重要组成部分。

数控机床上常用的检测装置有光栅（见图1-9a）、脉冲编码器（见图1-9b）、感应同步器、旋转变压器、磁栅、磁尺、双频激光干涉仪等。

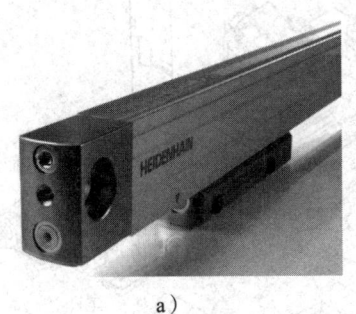 

a)　　　　　　　　　　　b)

图1-9　检测装置

a）光栅　b）脉冲编码器

7. 机床本体

机床本体是数控机床的主体，是数控系统的被控对象，是实现制造加工的执行部件。它主要由主运动部件、进给运动部件（工作台、拖板以及相应的传动机构）、支撑件（立柱、床身等）以及特殊装置（刀具自动交换系统、工件自动交换系统）和辅助装置（如冷却润滑、排屑、转位和夹紧装置等）组成。数控机床机械部件的组成与普通机床相似，但其传动结构较为简单，在精度、刚度、抗振性等方面要求高，而且其传动和变速系统要便于实现自动化控制。

图1-10所示为典型数控车床的机械结构组成，包括主轴传动机构、进给传动机构、刀架、床身和辅助装置（刀具自动交换机构、润滑与切削液装置、排屑和过载限位）等部分。

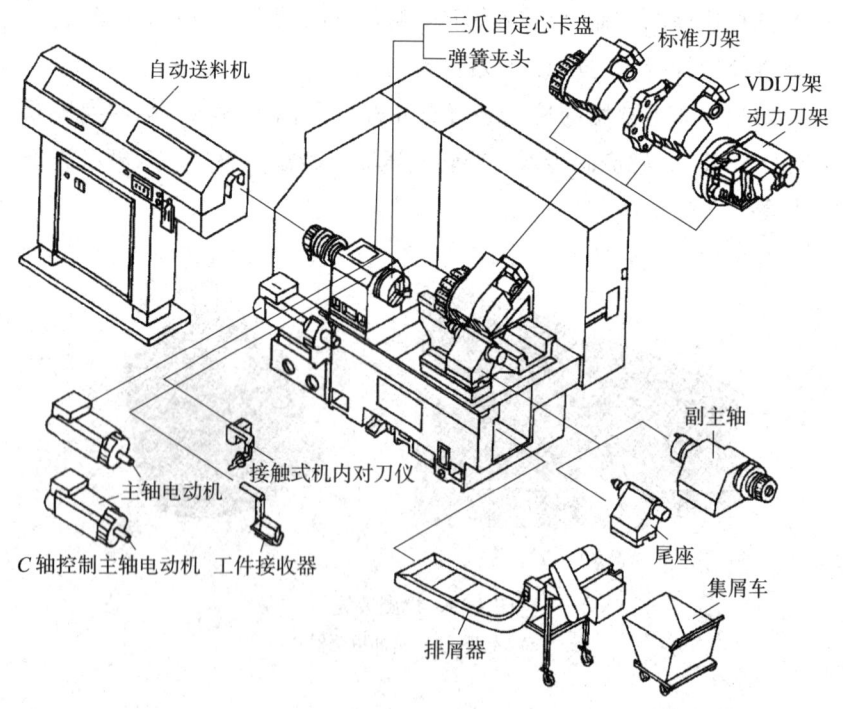

图 1-10　典型数控车床机械结构

二、数控机床的工作原理

数控机床的主要任务是根据输入的零件程序和操作指令进行相应的处理，控制机床各运动部件协调动作，加工出合格的零件。数控车床工作原理如图 1-11 所示。

根据零件图制定工艺方案，采用手工或计算机进行零件程序的编制，并把编好的零件程序存放于某种控制介质上，经相应的输入装置把存放在该介质上的零件程序输入至 CNC 装置。CNC 装置根据输入的零件程序和操作指令进行相应的处理，输出位置控制指令到进给伺服驱动系统以实现刀具和工件的相对移动，输出速度控制指令到主轴伺服驱动系统以实现切削运动，输出指令到 PLC 以实现顺序动作的控制，从而加工出符合图样要求的零件。CNC 系统对零件加工程序的处理流程如图 1-12 所示。

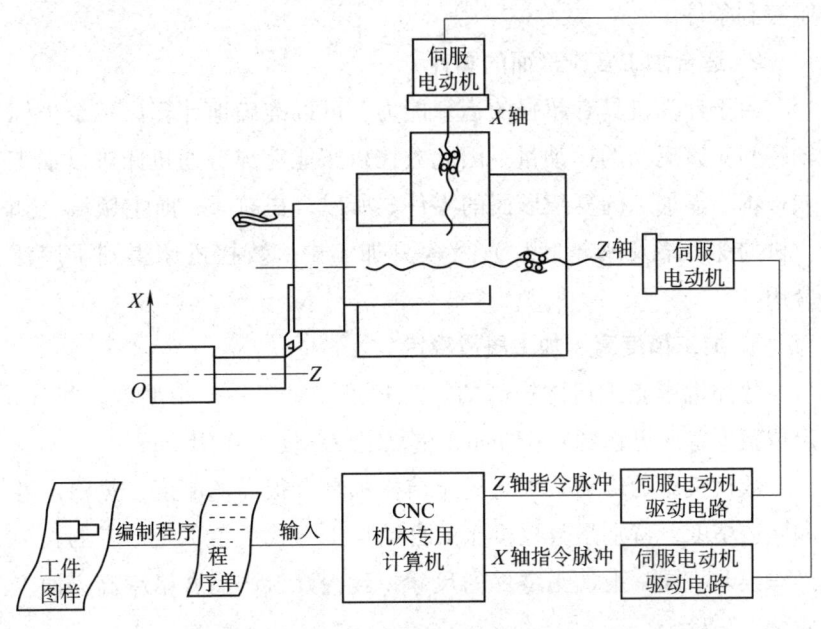

图 1-11　数控车床的工作原理

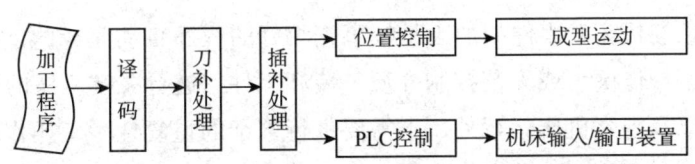

图 1-12　CNC 系统对零件加工程序的处理流程

三、数控机床的特点

1. 适应性强

数控机床加工形状复杂的零件或新产品时，不必像通用机床那样采用很多工装，仅需要少量工具、夹具。一旦零件图有修改，只需修改相应的程序部分，就可在短时间内将新零件加工出来。因而，生产周期短，灵活性强，为多品种小批量生产和新产品的研制提供了有利条件。

2. 适合加工复杂形面的零件

由于计算机具有超强的运算能力，可以准确地计算出每个坐标轴瞬间应该运动的运动量，因此数控机床能完成普通机床难以加工或根本不能加工的复杂形面的零件。所以，在航天、航空领域（如飞机的螺旋桨及蜗轮叶片）及模具加工中，数控机床得到了广泛应用。

3. 加工精度高、加工质量稳定

数控机床能达到比较高的加工精度。对于中、小型数控机床，定位精度普遍可达到 0.03 mm，重复定位精度为 0.01 mm。

数控机床的传动系统与机床结构都具有很高的刚度、热稳定性和制造精度，特别是数控机床的自动加工方式避免了生产者的人为操作误差，同一批加工零件的尺寸一致性好，产品合格率高，加工质量十分稳定。

4. 自动化程度高

数控机床对零件的加工是按事先编好的程序自动完成的，操作者除了操作键盘或安装控制介质、装卸工件、进行关键工序的中间检测以及观察机床运行外，不需要进行繁杂的重复性手工操作，劳动强度与紧张程度均可大为减轻。另外，数控机床一般都具有较好的安全防护、自动排屑、自动冷却和自动润滑等装置。

5. 加工生产率高

数控机床能够减少零件加工所需的机动时间和辅助时间。数控机床的主轴转速和进给量范围比普通机床的范围大，每一道工序都能选用最佳的切削用量。数控机床的结构刚度允许机床进行大切削用量的强力切削,从而有效地节省了机动时间。数控机床移动部件在定位中均采用加减速控制,并可选用很高的空行程运动速度,因而缩短了定位和非切削时间。使用带有刀库和自动换刀装置的加工中心时,工件往往只需进行一次装夹就可完成所有的加工工序,减少了半成品的周转时间,生产率非常高。数控机床加工质量稳定,还可减少检验时间。数控机床的生产率比普通机床提高2~3倍,复杂零件的加工生产率可提高十几倍甚至几十倍。

6. 一机多用

某些数控机床特别是加工中心,一次装夹后几乎能完成零件的全部工序的加工,可以代替5~7台普通机床。

7. 有利于生产管理现代化

数控系统采用数字信息与标准化代码输入,并具有通信接口,易实现数控机床之间的数据通信,适宜计算机之间的连接,组成工业控制网络。同时,数控机床加工零件,能准确地计算加工工时,并有效地简化了检验、工装和半成品的管理工作,这些都有利于生产管理现代化。

8. 价格较贵

数控机床是以数控系统为代表的新技术与传统机械制造产业结合形成的机电一体化产品,它涉及了机械、信息处理、自动控制、伺服驱动、自动检测、软件技术等领域,尤其是采用了许多高、新、尖的先进技术,使得数控机床的整体价格较高。

9. 调试和维修较复杂

由于数控机床结构复杂,操作和维修保养都需要专门的技术人员来完成。

【思考与练习】

1. 数控机床有哪些特点?
2. 数控车床主要由哪几部分组成?

模块 3 数控机床的分类

【学习目标】

1. 掌握数控机床的分类特点。
2. 了解数控机床可控联动的坐标轴数。
3. 掌握数控机床伺服系统的类型。

目前数控机床的品种数量很多,功能各异,通常可按下列三种方法进行分类。

一、按工艺用途分类

1. 一般数控机床

一般数控机床有数控钻床、数控车床、数控铣床、数控镗床、数控磨床和数控齿轮加工机床。图 1-13 所示几种常见数控机床。

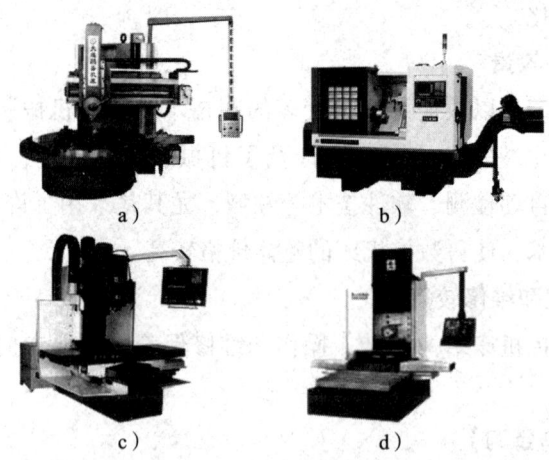

图 1-13 常见数控机床

a) 立式数控车床 b) 卧式数控车床 c) 立式数控铣床 d) 卧式数控铣床

初期的数控机床和传统的通用机床工艺用途相似,但它们的生产率和自动化程度比传统机床高,适合加工单件或小批量形状复杂的零件。现在数控机床的工艺用途已经有了很大的发展。

2. 数控加工中心

数控加工中心是在一般数控机床上加装一个刀库和自动换刀装置,构成一种带自动换刀装置的数控机床。数控加工中心的出现打破了一台机床只能进行单工种加工的传统观念,实现了一次装夹定位完成多工序加工。数控加工中心机床种类较多,一般按以下几种方式分类(见表1-1)。常见加工中心如图1-14所示。

表1-1　　　　　　数控加工中心机床分类

分类标准	类别
加工范围	车削加工中心、钻削加工中心、镗铣加工中心、磨削加工中心、电火花加工中心等
机床结构	立式加工中心、卧式加工中心、五面加工中心、并联加工中心
数控联动轴数	两坐标加工中心、三坐标加工中心和多坐标加工中心
加工精度	普通加工中心、精密加工中心

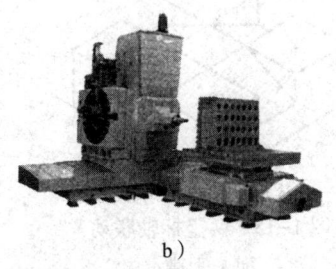

a)　　　　　　　　　　　　b)

图1-14　常见加工中心
a)立式加工中心　b)卧式加工中心

二、按可控制联动的坐标轴数分类

数控机床可控制联动的坐标轴数,是指数控装置控制几个伺服电动机同时驱动机床移动部件运动的坐标轴数目。数控机床的移动部件较多,现多按直角坐标系对机床移动部件的运动进行分类和数字控制。

1. 两坐标数控机床

两坐标数控机床是指同时控制两个坐标轴联动的数控机床。如数控车床中的数控装置可同时控制 X 和 Z 坐标轴的运动,实现两坐标轴联动,可用于加工各种曲线轮廓的回转体类零件。有的数控铣床本身虽有 X、Y、Z 三个坐标轴的运动,但数控装置只能同时控制两个坐标轴,实现两坐标轴联动,因其在加工中能实现坐标平面的变换,可用于加工如图 1-15 所示零件的沟槽。

2. 三坐标数控机床

三坐标数控机床是指能同时控制三个坐标轴,实现三坐标轴联动的数控机床。例如,有的数控铣床能实现三坐标轴联动,称为三坐标数控铣床,可用于加工如图 1-16 所示的曲面零件。

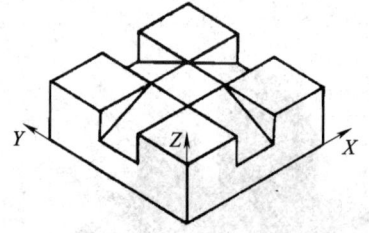

图 1-15　两坐标轴联动加工沟槽

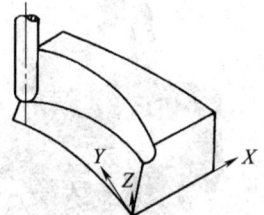

图 1-16　三坐标数控铣床加工曲面

3. 两轴半坐标数控机床

两轴半坐标数控机床本身有三个坐标轴,能做三个方向的运动,但控制装置只能同时控制两个坐标轴联动,而第三个坐标轴仅能做等距的周期移动。用两轴半坐标数控机床加工如图 1-17 所示空间曲面形状的零件时,在 ZX 坐标平面内控制 X、Z 两坐标轴联动,加工竖截面内的轮廓表面,同时控制 Y 坐标轴做等距周期移动,即能将空间曲面加工出来。

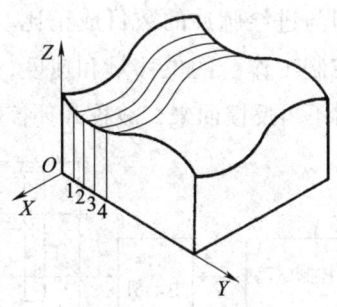

图 1-17 两轴半坐标数控机床加工空间曲面

4. 多坐标数控机床

四坐标以上的数控机床称为多坐标数控机床。多坐标数控机床结构复杂,机床精度高,加工程序设计复杂,主要用于加工形状复杂的零件。

三、按控制方式分类

数控机床按照对被控量有无检测反馈装置可分为开环控制数控机床和闭环控制数控机床两种;在闭环系统中,根据测量装置安放的部位又分为全闭环控制数控机床和半闭环控制数控机床两种。

1. 开环伺服系统

图 1-18 所示为采用步进电动机驱动的开环伺服系统,是典型的开环控制系统框图。开环控制系统中没有检测反馈装置。数控装置将工件加工程序处理后,输出数字指令信号给伺服驱动系统,驱动

机床运动,但不检测运动的实际位置,即没有位置反馈信号。开环控制的伺服系统主要使用步进电动机。插补器进行插补运算后,发出指令脉冲(又称进给脉冲),经驱动电路放大后,驱动步进电动机转动。一个进给脉冲使步进电动机转动一个角度,通过齿轮丝杠传动使工作台移动一定距离。因此,工作台的位移量与步进电动机转动角位移成正比,即与进给脉冲的数目成正比。改变进给脉冲的数目和频率,就可以控制工作台的位移量和速度,指令信息单方向传送,并且指令发出后不再反馈回来,故称开环控制。

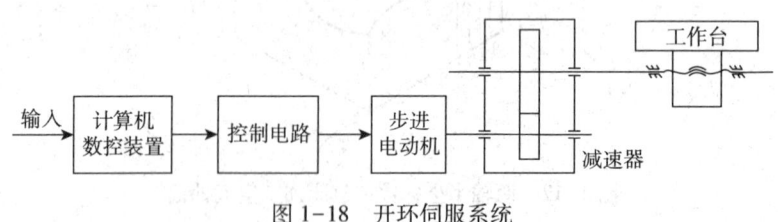

图 1-18 开环伺服系统

开环伺服系统因既没有工作台位移检测装置,又没有位置反馈和校正控制系统,所以工作台的位移精度完全取决于步进电动机的步距角精度、齿轮箱中齿轮和丝杠螺母副的精度与传动间隙等。由此可见,这种系统很难保证较高的位置控制精度。同时,由于受步进电动机性能的影响,其速度也受到一定的限制。但这种系统的结构简单、调试方便、工作可靠、稳定性好、价格低廉,因此被广泛用于精度要求不太高的经济型数控机床上。

2. 闭环伺服系统

图 1-19 所示为闭环伺服系统。安装在工作台上的位置检测元件将工作台实际位移量反馈到计算机数控装置中,与所要求的位置指令进行比较,用比较的差值进行控制,直到差值消除为止。由于闭环伺服系统中有位置反馈装置,可以补偿机械传动装置中的各种误差、间隙和干扰的影响,因而可以达到很高的定位精度,同时还能

达到较高的速度。可见，闭环伺服系统可以消除机械传动部件的各种误差和工件加工过程中产生干扰的影响，从而使加工精度大大提高。速度检测元件的作用是将伺服电动机的实际转速变换成电信号送到控制电路中，进行反馈校正，保证电动机转速恒定不变。常用速度检测元件是测速发电机。闭环伺服系统在数控机床上得到广泛应用，特别是在精度要求高的大型和精密机床上应用十分广泛。

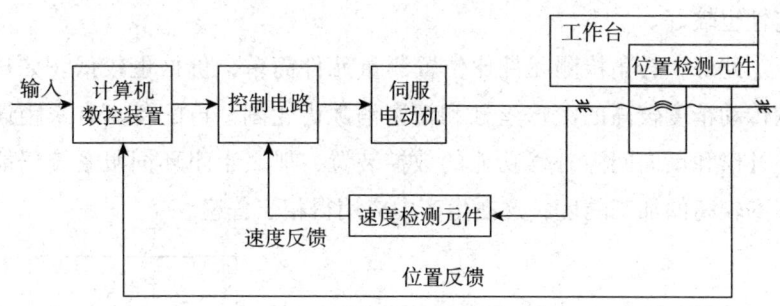

图 1-19 闭环伺服系统

闭环控制的特点是加工精度高，移动速度快。这类数控机床采用直流伺服电动机或交流伺服电动机驱动，电动机的控制电路比较复杂，检测元件价格昂贵，因而调试和维修比较复杂，成本较高。

从理论上讲，闭环伺服系统的精度主要取决于测量元件的精度和数/模转换器的精度。但由于该系统受进给丝杠的拉压刚度、扭转刚度及摩擦阻尼特性和间隙等非线性因素的影响，给调试工作造成很大困难。若各种参数匹配不当，将会引起系统振荡，造成系统不稳定，影响定位精度。因此，闭环伺服系统要比开环伺服系统的安装调试更加困难复杂。

3. 半闭环伺服系统

在闭环伺服系统中，用安装在进给丝杠轴端或电动机轴端的转角测量元件（如旋转变压器、脉冲编码器、光栅等）来代替安装在机床工作台上的位置测量元件，用测量丝杠或电动机转角位移来代替测量工作台直线位移的伺服系统称为半闭环伺服系统，如图1-20所示。因这种系统未将丝杠螺母副、齿轮传动副等传动装置包含在闭环反馈系统中，不能补偿该部分装置的传动误差，所以半闭环伺服系统的加工精度低于闭环伺服系统的加工精度。但半闭环伺服系统将惯性大的工作台安排在闭环之外，使这种系统调试较容易，稳定性也较好。

此外，转角检测元件比位置测量元件简单，价格也较低。如选用传动精度较高的滚珠丝杠和精密消隙齿轮副，再配备具有螺距误差补偿和反向间隙补偿功能的数控装置，那么半闭环伺服系统仍能达到较高的加工精度，这在生产中应用得相当普遍。

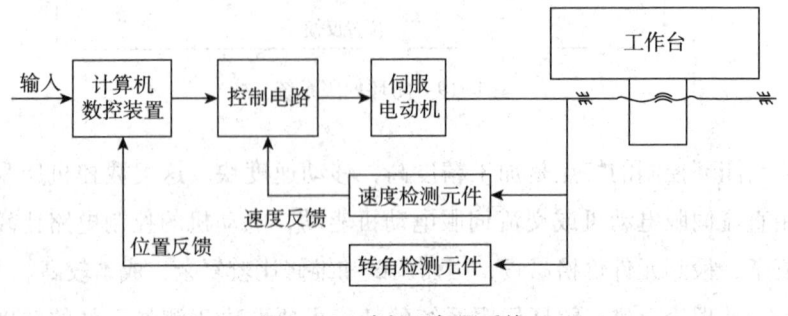

图1-20 半闭环伺服系统

【思考与练习】

1. 数控机床按可控制联动的坐标轴数分为哪几类？各有何特点？
2. 什么叫开环控制系统、闭环控制系统、半闭环控制系统，它们各有何特点？

第2单元 数控车削加工工艺基础知识

模块1 数控加工工艺制定

【学习目标】
1. 掌握数控机床加工工艺的基本特点和主要内容。
2. 理解划分数控加工阶段的意义。

数控机床的加工工艺与通用机床的加工工艺有许多相同之处，但在数控机床上加工零件比在通用机床上加工零件的工艺规程要复杂得多。在数控加工前，要将机床的运动过程、零件的工艺过程、刀具的形状、切削用量和走刀路线等都编入程序，这就要求程序设计人员具有多方面的知识。合格的程序设计员首先是一名合格的工艺员，否则就无法做到全面地考虑零件加工的全过程，以及正确、合理地编制零件的加工程序。

一、数控加工工艺内容的选择

对于一个零件来说，并非全部加工工艺过程都适合在数控机床上完成，而往往只是其中的一部分工艺内容适合数控加工。这就需要对零件进行仔细地工艺分析，选择那些最适合、最需要进行数控加工的内容和工序。在考虑选择内容时，应结合本企业设备实际，立足于解决难题、攻克关键问题和提高生产率，充分发挥数控加工的优势。

1. 适于数控加工的内容

在选择时，一般可按下列顺序考虑。

（1）通用机床无法加工的内容应作为优先选择内容。

（2）通用机床难加工、质量也难以保证的内容应作为重点选择内容。

（3）通用机床加工效率低、工人手工操作劳动强度大的内容，可在数控机床尚存在富余加工能力时选择。

2. 不适于数控加工的内容

一般来说，上述这些加工内容采用数控加工后，产品质量、生产率与综合效益等方面都会得到明显提高。相比之下，下列内容不宜选择采用数控加工。

（1）占机调整时间长。如以毛坯的粗基准定位加工第一个精基准，需用专用工装协调的内容。

（2）加工部位分散，需要多次安装、设置原点。这时，采用数控加工很麻烦，效果不明显，可安排通用机床加工。

（3）按某些特定的制造依据（如样板等）加工的型面轮廓。这类加工获取数据困难，易与检验依据发生矛盾，增加了程序编制的难度。

此外，在选择和决定加工内容时，也要考虑生产批量、生产周期、工序间周转情况等。总之，要尽量做到合理，达到多、快、好、省的目的，要防止把数控机床降格为通用机床使用。

二、数控加工工艺性分析

被加工零件的数控加工工艺性问题涉及面很广，下面结合编程的可能性和方便性提出一些必须分析和审查的内容。

1. 尺寸标注应符合数控加工的特点

在数控编程中,所有点、线、面的尺寸和位置都是以编程原点为基准的,因此零件图样上最好直接给出坐标尺寸,或尽量以同一基准标注尺寸。

2. 几何要素的条件应完整、准确

在程序编制中,编程人员必须充分掌握构成零件轮廓的几何要素参数及各几何要素间的关系。因为在自动编程时要对零件轮廓的所有几何元素进行定义,手工编程时要计算出每个节点的坐标,无论哪一点不明确或不确定,编程都无法进行。但由于零件设计人员在设计过程中考虑不周或忽略,常常出现参数不全或不清楚,如圆弧与直线、圆弧与圆弧是相切还是相交还是相离。所以在审查与分析图样时,一定要仔细核算,发现问题及时与设计人员联系。

3. 定位基准可靠

在数控加工中,加工工序往往比较集中,以同一基准定位十分重要。因此需要设置一些辅助基准,或在毛坯上增加一些工艺凸台。如图 2-1a 所示零件,为增加定位的稳定性,可在底面增加一个工艺凸台(见图 2-1b),在完成定位加工后再去除。

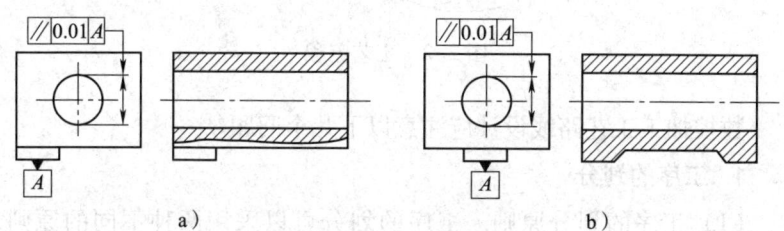

图 2-1 工艺凸台的应用
a) 改进前的结构 b) 改进后的结构

4. 统一几何类型及尺寸

零件的外形、内腔最好采用统一的几何类型及尺寸,这样可以减少换刀次数，还可能应用控制程序或专用程序以缩短程序长度。零件的形状尽可能对称，便于利用数控机床的镜像加工功能来编程，以节省编程时间。

三、数控加工工艺路线设计

数控加工工艺路线设计与通用机床加工工艺路线设计的主要区别，在于它往往不是指从毛坯到成品的整个工艺过程，而仅是几道数控加工工序工艺过程的具体描述。因此在工艺路线设计中一定要注意，由于数控加工工序一般都穿插于零件加工的整个工艺过程之中，因而要与其他加工工序衔接好。常见工艺流程如图2-2所示。

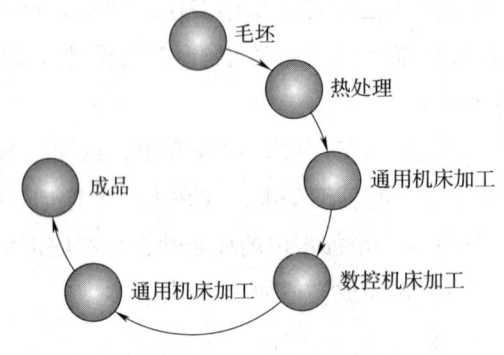

图2-2 工艺流程

数控加工工艺路线设计应注意以下几个问题。

1. 工序的划分

（1）工序的划分原则。工序的划分可以采用两种不同的原则，即工序集中原则和工序分散原则。

1）工序集中原则。工序集中原则是指每道工序包括尽可能多的加工内容，从而使工序的总数减少。采用工序集中原则的优点：有利于采用高效率的专用设备和数控机床，提高生产率；减少机床数量、操作工人数和占地面积；减少工序数目，缩短工艺路线，简化生产计划和生产组织工作；减少工件装夹次数，保证各加工表面间的相互位置精度，减少夹具数量和装夹工件的辅助时间。但专用设备和工艺装备投资大，调整维修比较麻烦，生产准备周期较长，不利于转产。

2) 工序分散原则。工序分散原则是将工件的加工分散在较多的工序内进行，每道工序的加工内容很少。采用工序分散原则的优点：加工设备和工艺装备结构简单，调整和维修方便，操作简单，转产容易；有利于选择合理的切削用量，减少机动时间。但工艺路线较长，所需设备及操作工人数量多，占地面积大。

(2) 工序划分方法。工序划分主要考虑生产纲领、所用设备及零件本身的结构和技术要求等。大批量生产时，若使用多轴、多刀的高效率加工中心，可按工序集中原则组织生产。若在由组合机床组成的自动线上加工，工序一般按工序分散原则划分。

随着现代数控技术的发展，特别是加工中心的应用，工艺路线的安排更多地趋向于工序集中。单件小批量生产时，通常采用工序集中原则。成批生产时，可按工序集中原则划分，也可按工序分散原则划分，应视具体情况而定。对于结构尺寸和质量都很大的重型零件，应采用工序集中原则，以减少装夹次数和运输量。对于刚性差、精度高的零件，应按工序分散原则划分工序。

在数控车床上加工零件，一般应按工序集中的原则划分工序，在一次安装下尽可能完成大部分甚至全部表面的加工。根据零件的结构形状不同，通常选择外圆、端面或内孔、端面装夹，并力求设计基准、工艺基准和编程原点的统一。

在批量生产中，常用下列几种方法划分工序。

1) 按零件加工表面划分。将位置精度要求较高的表面安排在一次安装下完成，以免多次安装所产生的安装误差影响位置精度。

2) 按粗、精加工划分。对毛坯余量较大和加工精度要求较高的零件，应将粗车和精车分开，划分成两道或更多的工序。将粗车安排在精度较低、功率较大的数控车床上，将精车安排在精度较高的数控车床上。

3) 按所用刀具划分工序。为了减少换刀次数，压缩空行程时间，减少不必要的定位误差，可按刀具工序集中的方法加工零件，即在一次装夹中，尽可能用同一把刀具加工出可以加工的所有部位，然后再换另一把刀具加工其他部位。在专用数控机床和加工中心中常采用这种方法。

4) 按安装次数划分工序。以一次安装完成的那一部分工艺过程为一道工序。该方法一般适合于加工内容不多的工件，加工完毕就能达到待检状态。

> ☞ **链接**
>
> **机械加工工艺过程中的常用术语**
>
> 在机械加工工艺过程中，针对零件的结构特点和技术要求，采用不同的加工方法和装备，按照一定的顺序依次进行，才能完成由毛坯到零件的转变过程。因此，机械加工工艺过程是由一个或若干个顺序排列的工序组成的，而工序又由安装、工位、工步和进给组成。
>
> 1. 工序。一个或一组工人，在一个工作地点对一个或同时对几个工件所连续完成的那一部分工艺过程，称为工序。划分工序的依据是工作地点是否发生变化和工作是否连续。
>
> 2. 工步。在加工表面（或装配时连接面）和加工（或装配）工具不变的情况下，所连续完成的那一部分工序内容，称为工步。划分工步的依据是加工表面和工具是否变化。
>
> 3. 进给。在一个工步内，若被加工表面需切除的余量较大，可分几次切削，每次切削称为一次进给。

4. 安装。工件经一次装夹后所完成的那一部分工序,称为安装。

5. 工位。对于回转工作台(或夹具)、移动工作台(或夹具),工件在一次安装中先后处于几个不同的位置进行加工,每个位置称为一个工位。采用多工位加工方法,可以减少安装次数,提高加工精度和效率。

2. 加工顺序的安排

在分析零件图样并确定工序、装夹方式之后,接着要确定零件的加工顺序。确定零件车削加工顺序一般应遵循以下原则。

(1) 先粗后精。在车削加工中,应先安排粗加工工序,在较短的时间内将毛坯的加工余量去掉,以提高生产率(如图2-3所示虚线部分)。同时应尽量满足精加工的余量均匀性要求,以保证零件的精加工质量。

在零件进行粗加工后,应接着安排换刀后进行的半精加工和精加工。安排半精加工的目的:当粗加工后所留余量的均匀性满足不了精加工要求时(如图2-3所示R圆弧处的余量比其他处大),则可安排半精车作为过渡性工序,使精车余量基本一致,便于精度的控制。

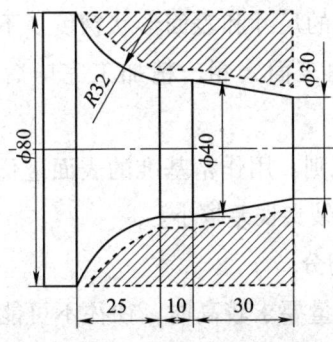

图2-3 先粗后精加工示例图

(2) 先近后远。这里所说的远与近,是按加工部位相对于对刀点的距离大小而言的。一般情况下,在数控车床加工中,通常安排离刀具起点近的部位先加工,离刀具起点远的部位后加工,这样不仅可缩短刀具移动距离,减少空走刀次数,提高效率,还有利于保证坯件或半成品件的刚度,改善其切削条件。

例如,当加工如图 2-4 所示零件时,如果按 $\phi 38$ mm→$\phi 36$ mm→$\phi 34$ mm 的顺序安排车削,刀具车削走刀和退刀有三次往返过程,这样不仅增加了空运行时间,增加导轨的磨损,而且可能使台阶的外直角处产生毛刺。在这类直径相差不大的车削场合(最大切深单边为 3 mm),若先车 $\phi 34$ mm 处,退到 $\phi 36$ mm 处车削,再退到 $\phi 38$ mm 处车削,车刀在一次走刀往返中就可完成三个台阶的车削,提高了效率。

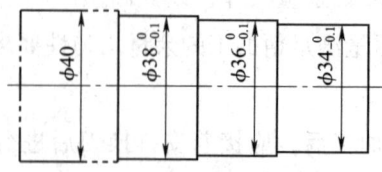

图 2-4 先近后远加工示例

(3) 内外交叉。加工既有内表面(内孔),又有外表面需加工的零件,先安排进行内、外表面粗加工,后进行内、外表面精加工,易控制其内、外表面的尺寸和表面形状精度。不可以将零件上一部分表面(外表面或内表面)粗、精加工完毕后,再加工其他表面(内表面或外表面)。

(4) 基准先行原则。用作精基准的表面应优先加工,因为定位基准的表面越精确,装夹误差越小。

3. 加工阶段的划分

当零件的加工质量要求较高时,往往不可能用一道工序来满足其要求,而要用几道工序逐步达到所要求的加工质量。为保证加工质量和合理地使用设备、人力，零件的加工过程通常按工序的性质不同，可分为粗加工、半精加工、精加工和光整加工四个阶段。

（1）粗加工阶段。粗加工使用大功率机床，切除毛坯上大部分多余的金属，充分发挥机床的效能，使毛坯在形状和尺寸上接近零件成品。粗加工后，可安排去应力热处理，以便于消除内应力。粗加工阶段的主要目标是提高生产率。

（2）半精加工阶段。其任务是使主要表面达到一定的精度，留有一定的精加工余量，为主要表面的精加工做好准备；并可完成一些次要表面加工，如扩孔、攻螺纹等。

（3）精加工阶段。精加工前要安排淬火等最终热处理，其变形可以通过精加工予以去除。精加工使用精密机床，保证各主要表面达到规定的尺寸精度和表面粗糙度要求。精加工阶段的主要目标是全面保证加工质量。

（4）光整加工阶段。对零件的尺寸精度和表面质量要求很高的表面要进行光整加工，其主要目的是提高尺寸精度、减小表面粗糙度值，一般不用来提高位置精度。

加工阶段的划分能够更好地保证加工质量，便于安排热处理工序。在粗加工阶段切除的金属较多，产生的切削力和切削热也较大，同时也需要较大的夹紧力，而且粗加工后内应力会重新分布，在这些力的作用下，工件会产生较大的变形。通过半精加工和精加工可使粗加工引起的误差得到纠正。

4. 进给路线的确定

进给路线是刀具在整个加工工序中的运动轨迹，即刀具从对刀点（或机床固定点）开始进给运动起，直到结束加工程序后退刀返回该点及所经过的路径，包括切削加工的路径以及刀具切入、切出等非切削空行程。加工路线是编写程序的重要依据之一，因此，在确定加工路线时最好画一张工序简图，将已经拟定出的加工路线画上去（包括进刀、退刀路线），这样可为编程带来方便。

下面为常用的进给路线选择方法。

（1）最短的空行程路线。尽量减少刀具轨迹中的空行程的长度，这样可以进一步减少刀具运行时间，提高加工效率。

1）巧用起刀点。图 2-5 所示为采用矩形循环方式进行粗车的一般情况示例，其对刀点 A 的设定是考虑到精车等加工过程中需方便地换刀，故设置在离工件较远的位置。图 2-5a 所示是将起刀点 B 与对刀点 A 重合在一起；图 2-5b 所示则是将起刀点 B 与对刀点 A 分离，刀具从对刀点 A 快速移动至起刀点 B 后再开始进行循环粗加工。显然，图 2-5b 所示的空行程路线短，进给路线也短，可大大节省加工过程的执行时间。

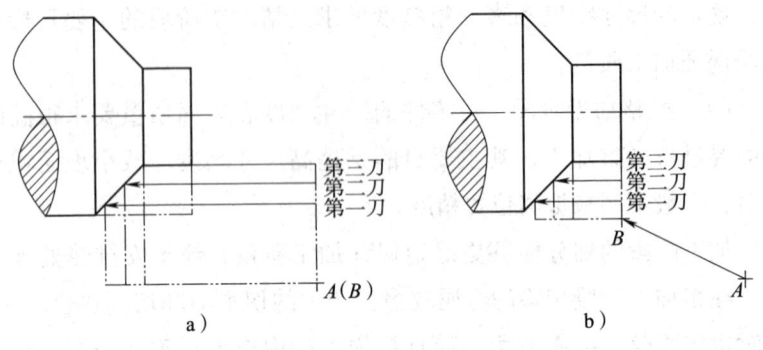

图 2-5 起刀点

a）起刀点 B 与对刀点 A 重合 b）起刀点 B 与对刀点 A 分离

2）合理安排"回零"路线。在手工编制复杂轮廓的加工程序时，为简化计算过程，便于校核，程序编制者（特别是初学者）有时将每一刀加工完成后的刀具终点，通过执行"回零"指令，使其全部返回到对刀点，然后再执行后续程序。这样会增加走刀路线的距离，降低生产率。因此，在合理安排"回零"路线时，应使前一刀的终点与后一刀的起点间的距离尽量短，或者为零，以满足最短进给路线要求。

（2）最短的切削进给路线。在粗加工时，毛坯余量较大，采取不同的循环加工方式，如轴向进刀、径向进刀或固定轮廓形状进给等，将获得不同的切削进给路线。在安排粗加工或半精加工的切削进给路线时，应在兼顾工件的刚度及加工工艺性等要求下，采取最短的切削进给路线，减少空行程时间，有效提高生产率，降低刀具损耗。

（3）零件轮廓精加工一次走刀完成。为保证零件轮廓表面加工后的表面粗糙度要求，精加工时，最终轮廓应安排在最后一次走刀连续加工出来。刀具的进刀、退刀（切入与切出）路线要认真考虑，尽量减少在轮廓处停刀，避免切削力（大小、方向）突然变化造成工件表面弹性变形而留下刀痕。一般应沿着工件表面的切向切入和切出，尽量避免沿工件轮廓面垂直方向进刀、退刀而划伤工件。

此外，要选择工件在加工后变形较小的路线。例如，对细长零件或薄板零件，应采用分几次走刀加工到最后尺寸，或采用对称去余量法安排走刀路线。在确定轴向移动尺寸时，应考虑刀具的引入长度和超越长度。

（4）特殊处理。在特殊情况下，其加工顺序可能不按"先近后远""先粗后精"的原则考虑。

1）先精后粗。如图 2-6 所示长筒零件，若按一般情况安排最后加工孔的走刀路线为 $\phi 80$ mm→$\phi 60$ mm→$\phi 52$ mm，这时加工基准将由所车第一个台阶孔（$\phi 80$ mm）来体现，对刀时也以其为参考。由于该零件上的 $\phi 52$ mm 孔要求与滚动轴承形成过渡配合，其尺寸公差较小（只有 0.03 mm）。此外，该孔的位置较深，车床纵向长丝杠在该加工段区域可能产生误差，车刀的刀尖在切削过程中也可能产生磨损等，使其尺寸精度难以保证。对此，在安排工艺路线时，宜将 $\phi 52$ mm 孔作为加工（兼对刀）的基准，并按 $\phi 52$ mm→$\phi 80$ mm→

φ60 mm 的顺序车削各孔，就能较好地保证其尺寸公差要求。

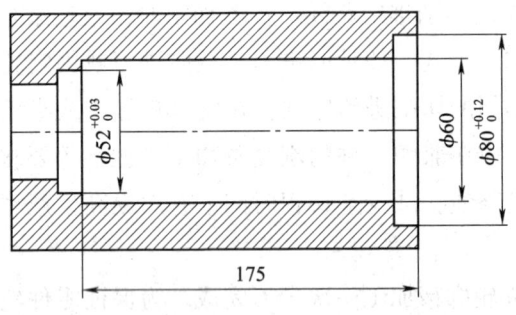

图 2-6　先精后粗加工工艺图

2) 分序加工。在数控车床加工零件时，有的零件经过分序加工的特殊安排，其加工效率可明显提高。如图 2-7 所示工件，在心轴上虽可一次加工完毕，但在加工 R 外圆时，由于其粗车余量太大（大小直径相差 40 mm），心轴太小（只有 φ11 mm），受力情况较差，背吃刀量、进给量都受到限制，影响加工效率。如果采用分序加工安排，先在数控车床上一夹一顶完成其粗车（可大吃刀及大走刀），再利用心轴装夹完成其半精车和精车，则可大大提高加工的速度和安全性。因此，在实际加工中，特别是批量生产中要认真分析、合理安排加工工序，才能充分发挥数控车床效能。

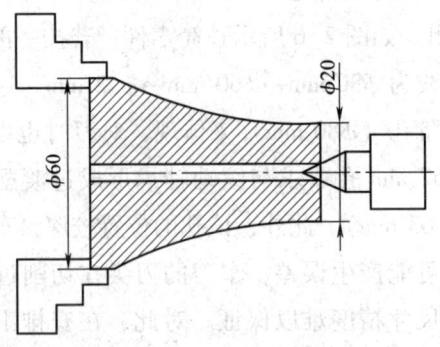

图 2-7　分序加工工艺图

另外，在数控车床加工中，特殊情况较多，可根据实际情况，在进给方向安排、切削路线选择、断屑处理、刀具运用等方面灵活处理，并在实际加工中注意分析、研究、总结，不断积累经验，提高制定加工方案的水平。

3）程序段数最少。在数控车床加工中，在保证加工效率的前提下，总是希望以最少的程序段数实现对零件的加工，以使程序简洁，减少编程工作量和编程出错率，也便于程序的检查和修改。

目前数控车床的编程功能日益完善，许多仿形、循环车削指令的车削线路是按最便捷的方式运行。如 FANUC 系统中 G70、G71、G73 等指令，在加工中都非常实用。选择正确的加工工序，合理地运用各种指令，可大大简化程序编制工作。对于重复的加工动作，可编写成子程序，由主程序调用，以简化编程，缩短程序长度。

【思考与练习】
1. 制定零件车削加工顺序应遵循哪些原则？
2. 数控车削过程中为什么要划分加工阶段？

模块 2　工件在数控车床上的定位与装夹

【学习目标】
1. 了解基准的概念及几个常用基准，能合理选择定位基准。
2. 掌握数控车床常用装夹工具的使用。

一、基准的概念

零件图、实际零件或工艺文件上用来确定某个点、线、面的位置所依据的点、线、面称为基准。根据基准的功用不同，可分为设计基准和工艺基准两大类。

1. 设计基准

设计图样上采用的基准,称为设计基准。例如,图 2-8 所示衬套零件,轴线 $O—O$ 是各外圆表面和内孔的设计基准,端面 A 是端面 B、C 的设计基准,$\phi 25H7$ 内孔的轴线是 $\phi 50h6$ 外圆表面径向跳动、端面 B 端面圆跳动的设计基准。

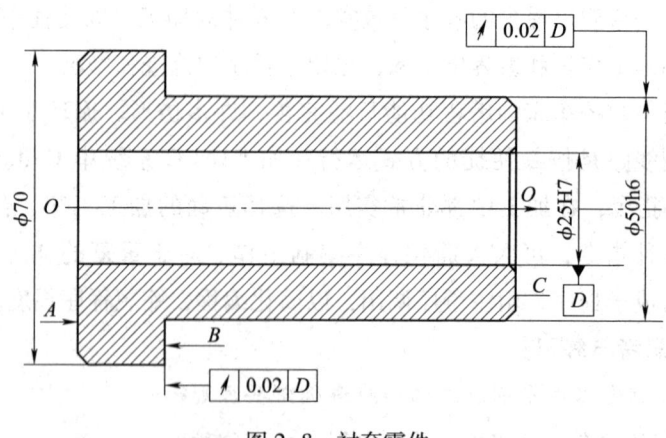

图 2-8 衬套零件

2. 工艺基准

在工艺过程中采用的基准,称为工艺基准。它包括定位基准、工序基准、测量基准和装配基准。

(1) 定位基准。在加工中用于定位的基准称为定位基准。

(2) 工序基准。在工序中确定本工序加工表面的尺寸、形状、位置的基准为工序基准。

(3) 测量基准。测量时所采用的基准,称为测量基准。

(4) 装配基准。装配过程中用来确定零件或部件在产品中相对位置的基准称为装配基准。

作为基准的点、线、面,有时在工件上并不一定实际存在(如孔和轴的轴线,两平面之间的对称中心面等),在定位时是通过相关具体表面体现的，这些表面称为定位基准。工件以回转表面（如孔、外圆）定位时，回转表面的轴线是定位基准，而回转表面就是定位基面。工件以平面定位时，其定位基准与定位基面一致。图2-9所示是各种基准之间关系实例。

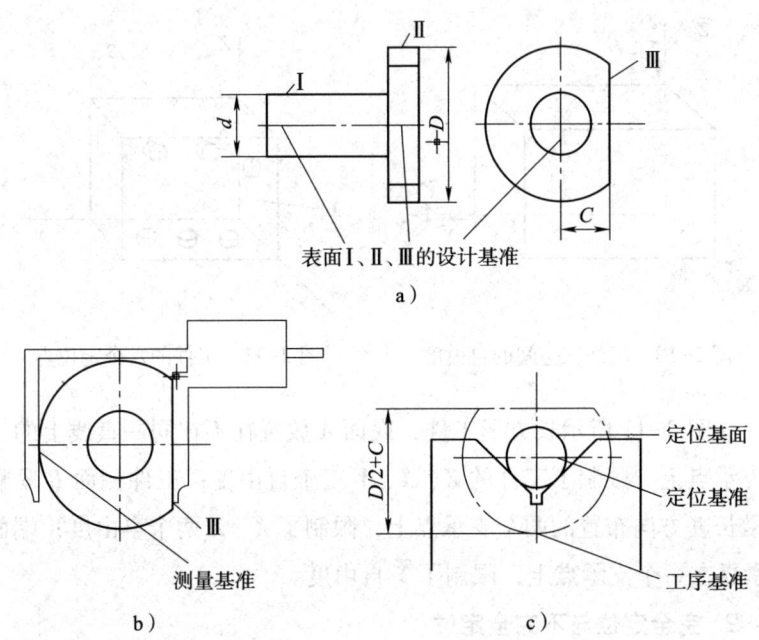

图2-9 各种基准之间关系
a）阶梯轴中设计基准位置 b）面Ⅲ的测量基准 c）定位中基准的位置

二、定位与夹紧方案的确定

在数控机床上加工零件时，为保证加工精度，必须先使工件在机床上占据一个正确的位置，即定位，然后将其夹紧。

1. 工件定位的基本原理

工件在空间具有六个自由度，即沿 X、Y、Z 三个坐标方向的移动自由度 $\vec{X}$、$\vec{Y}$、$\vec{Z}$ 和绕 X、Y、Z 三个坐标轴的转动自由度 $\hat{X}$、$\hat{Y}$、$\hat{Z}$

（见图 2-10），因此，要完全确定工件的位置，就需要按一定的要求布置六个支承点（定位元件）来限制工件的六个自由度（见图 2-11），其中每个支承点限制相应的一个自由度。这就是工件定位的六点定位原理。

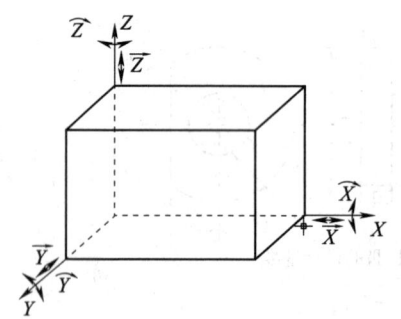 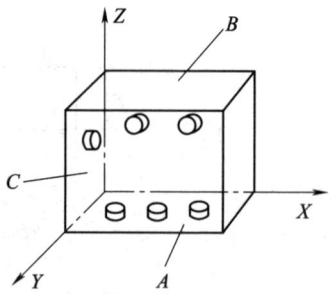

图 2-10　工件在空间的自由度　　　图 2-11　工件的六个定位点

如图 2-11 所示长方形工件，底面 A 放置在不在同一直线上的三个支承点上，限制了工件的 $\vec{Z}$、$\vec{X}$、$\vec{Y}$ 三个自由度；工件侧面 B 紧靠在沿长度方向布置的两个支承点上，限制了 $\vec{X}$、$\vec{Z}$ 两个自由度；端面 C 紧靠在一个支承点上，限制了 $\vec{Y}$ 自由度。

2. 完全定位与不完全定位

工件的六个自由度都被限制的定位称为完全定位，如图 2-11 所示。工件被限制的自由度少于六个，但不影响加工要求的定位称为不完全定位，如图 2-12 所示。图 2-12 所示为零件上的通槽，$\vec{Z}$、$\vec{X}$、$\vec{Y}$ 三个自由度影响槽底面与 A 面的平行度及尺寸 $60_{-0.2}^{\ 0}$ mm 两项加工要求，$\vec{X}$、$\vec{Z}$ 两个自由度影响槽侧面与 B 面的平行度及尺寸 (40 ± 0.1) mm 两项加工要求，$\vec{Y}$ 自由度不影响通槽加工。$\vec{X}$、$\vec{Z}$、$\vec{X}$、$\vec{Y}$、$\vec{Z}$ 五个自由度对加工要求有影响，应该限制。$\vec{Y}$ 自由度对加工要求无影响，可以不限制。完全定位与不完全定位是实际加工中最常用的定位方式。

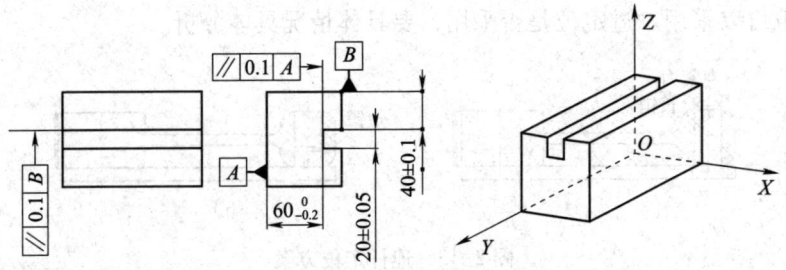

图 2-12 限制自由度与加工要求的关系

由图 2-12 可知,工件定位时,影响加工要求的自由度必须限制,不影响加工要求的自由度不必限制。工件形状不同,定位表面不同,定位点的布置情况会各不相同。根据工件加工表面的不同加工要求,有些自由度对加工要求有影响,有些自由度对加工要求无影响。

3. 过定位与欠定位

按照加工要求应该限制的自由度没有被限制的定位称为欠定位。欠定位是不允许的,因为欠定位保证不了加工要求。如图 2-12 所示,如果 $\vec{Z}$ 没有限制,$60_{-0.2}^{0}$ mm 就无法保证;$\vec{X}$、$\vec{Y}$ 没有限制,槽底与 A 面的平行度就不能保证。

工件的一个或几个自由度被不同的定位元件重复限制的定位称为过定位。如图 2-13a 所示连杆定位方案,长销限制了 $\vec{X}$、$\vec{Y}$、$\vec{X}$、$\vec{Y}$ 四个自由度,支承板限制了 $\vec{X}$、$\vec{Y}$、$\vec{Z}$ 三个自由度,其中 $\vec{X}$、$\vec{Y}$ 被两个定位元件重复限制,这就产生过定位。当工件小头孔与端面有较大垂直度误差时,夹紧力将使连杆变形,或使长销弯曲,造成连杆加工误差。若采用图 2-13b 所示方案,即将长销改为短销,就不会产生过定位。

当过定位导致工件或定位元件变形,影响加工精度时,应严禁采用；但当过定位不影响工件的正确定位，对提高加工精度有利时，也可以采用。过定位是否采用，要具体情况具体分析。

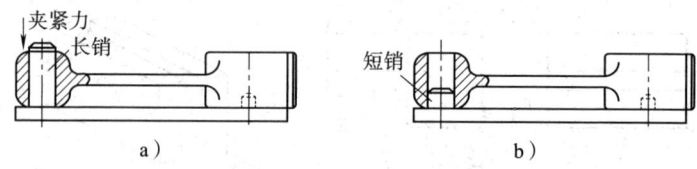

图 2-13　连杆定位方案

a) 过定位　b) 定位正常

4. 定位基准的选择方法

在零件加工过程中，合理选择定位基准，对保证零件的尺寸和相互位置精度起着决定性的作用。定位基准有两种，一种是以毛坯表面作为基准面的粗基准，另一种是以已加工表面作为基准面的精基准。在确定定位基准与夹紧方案时，应注意以下几点。

（1）力求设计基准、工艺基准与编程原点统一，以减小基准不重合误差和数控编程中的计算工作量。

（2）选择粗基准时，应尽量选择不加工表面或能牢固、可靠地进行装夹的表面，并注意粗基准不宜重复使用。

（3）选择精基准时，应尽可能采用设计基准或装配基准作为定位基准，并尽量与测量基准重合。基准重合是保证零件加工质量最理想的工艺手段。精基准虽可重复使用，但为了减少定位误差，仍应尽量减少精基准的重复使用（如多次调头装夹等）。

（4）设法减少装夹次数，尽可能做到一次定位装夹后能加工出工件上全部或大部分加工表面，以减小装夹误差，提高加工表面之间的相互位置精度，充分发挥机床的效益。

（5）避免采用占机人工调整式方案，以免占机时间太多，影响加工效率。

三、数控车床夹具的选择

1. 夹具的分类

车床夹具用于确定工件在车床上的正确位置,并夹紧工件,在车削工艺中占有很重要的地位。常用的车床夹具有以下几类。

（1）通用夹具,如三爪自定心卡盘、四爪单动卡盘和各种形式的顶尖等。

（2）可调整夹具,如成组夹具、组合夹具等。

（3）专用夹具：为满足某个工件的某道工序而实际使用的夹具,如旋转刀架等。

2. 夹具的选择原则

要充分发挥数控车床的加工效能,工件装夹必须快速,定位必须准确。数控车床对工件的装夹要求：一是应具有可靠的夹紧力,以防止在加工过程中工件松动；二是应具有较高的定位精度,并便于迅速和方便地装拆工件。

数控车床主要用三爪自定心卡盘装夹,其定位主要采用心轴、顶块、缺牙爪等,与普通车床的装夹定位方式基本相同。如图 2-14 所示,采用心轴装夹工件,由于工件内孔较小,在心轴上做一个定位销与工件固定,通过定位销来传递车削时的切削力,增大扭矩并防止工件打滑。

除此之外,数控车床加工还有许多相应的夹具,主要分为轴类夹具和盘类夹具两大类。用于轴类工件装夹的夹具有三爪拨动卡盘、自动夹紧拨动卡盘、复合卡盘和快速可调万能卡盘等；用于盘类工件装夹的夹具有带可调卡爪的卡盘、液压驱动卡盘、快速可调卡盘等。

在数控车削加工中,除了可使用多种与普通车削加工相同的夹具（如三爪自定心卡盘、四爪单动卡盘和前、后顶尖等）外,还可使用拨齿顶尖和可调卡爪式卡盘等诸多夹具。

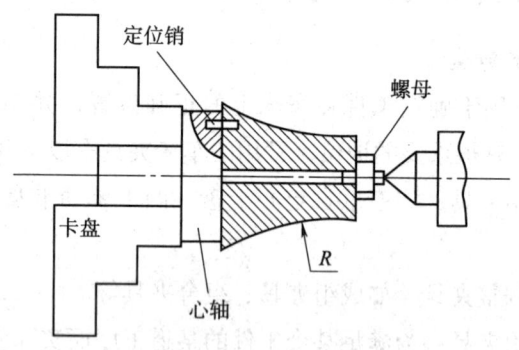

图 2-14　工件的装夹

【思考与练习】

1. 为什么说夹紧不等于定位?
2. 什么是欠定位?为什么不能采用欠定位?

模块 3　数控车床刀具的选择

【学习目标】

1. 了解常用车刀的种类和用途。
2. 掌握机夹车刀的结构及切削用量的选择。

在数控车床加工中,产品质量和劳动生产率在相当大程度上受到刀具的制约,虽然其车刀的切削原理与普通车床基本相同,但由于数控车床加工的特性,切削部分的几何参数、刀具的形状尚需进行特别处理,才能满足数控车床的要求,充分发挥数控车床的效能。

一、数控车削对刀具的要求

1. 刀具性能方面

（1）强度高。为适应刀具在粗加工或对高硬度材料零件进行加工时，能大切深和快走刀，要求刀具必须具有很高的强度；对于刀杆细长的刀具（如深孔车刀），还应有较好的抗振性能。

（2）精度高。为适应数控加工高精度和自动换刀等要求，刀具及其刀夹都必须具有较高的精度。

（3）切削速度和进给速度高。为提高生产率并适应一些特殊加工的需要，刀具应能满足高切削速度的要求。

（4）可靠性好。为保证数控加工中不会因发生刀具意外损坏及潜在缺陷而影响到加工的顺利进行，要求刀具及与之组合的附件必须具有很好的可靠性和较强的适应性。

（5）寿命长。刀具在切削过程中不断磨损，会造成加工尺寸变化，伴随刀具磨损，还会因刀刃（或刀尖）变钝使切削阻力增大，既会使工件的加工表面精度大大下降，还会加剧刀具磨损，形成恶性循环。因此，数控车床的刀具，不论在粗加工、精加工或特殊加工中，都应具有比普通车床加工所用刀具更长的寿命，以尽量减少更换或修磨刀具及对刀的次数，从而保证零件的加工质量，提高生产率。

（6）断屑及排屑性能好。有效地进行断屑，对保证数控车床顺利、安全地运行具有非常重要的意义。如果车刀的断屑性能不好，车出的螺旋形切屑就会缠绕在刀头、工件或刀架上，既可能损坏车刀（特别是刀尖），还可能割伤已加工好的表面，甚至会发生伤人和设备事故。因此，数控车削加工所用的硬质合金刀片上，常常采用三维断屑槽，以增大断屑范围，改善断屑性能。此外，车刀的排屑性能不好，会使切屑在前刀面或断屑槽内堆积，加大切削刃（刀尖）

与工件间的摩擦,加快其磨损,降低工件的表面质量,还可能产生积屑瘤,影响车刀的切削性能。因此,应对车刀采取减小前刀面(或断屑槽)的摩擦因数等措施(如特殊涂层处理及提高刃磨质量等)。对于内孔车刀,需要时还可考虑从刀体或刀杆的里面引入冷却液,且能从刀头附近喷出的冲排结构。

2. 数控车削刀具材料的选择

数控车削刀具材料是指刀具切削部分的材料,一般指刀片材料。金属切削时,刀具切削部分直接和工件及切屑相接触,承受着很大的切削压力和冲击,并受到工件及切屑的剧烈摩擦,产生很高的切削温度。也就是说,刀具切削部分是在高温、高压及剧烈摩擦的恶劣条件下工作的。因此,刀具材料应具备一些主要性能:较高的硬度和耐磨性,较高的耐热性,足够的强度和韧性,较好的导热性,良好的工艺性,较好的经济性。

数控车削刀具从制造所采用的材料上可以分为高速钢刀具、硬质合金刀具、陶瓷刀具、立方氮化硼刀具、聚晶金刚石刀具。目前数控车床用得最普遍的刀具是硬质合金刀具。数控车削刀片材料的应用范围见表2-1。

表 2-1　　　　数控车削刀片材料的应用范围

刀片材料	工件材料(普通车削)
P 类	钢、铸铁、长切屑可锻铸铁等
M 类	奥氏体/铁素体/马氏体不锈钢、铸钢、锰钢、合金铸铁等
K 类	铸铁、冷硬铸铁、短切屑可锻铸铁等
N 类	有色金属、非金属材料,如铝、镁
S 类	耐热优质合金材料,如耐热钢
H 类	硬切削材料,如淬硬钢

3. 数控车床常用刀具及特点

在数控车削加工中,为适应自动化加工的需要,减少换刀时间和方便对刀,实现机械加工的标准化,数控车削加工应尽量采用机夹车刀和机夹刀片,即机夹可转位车刀。

(1) 机械夹固式可转位车刀。所谓机械夹固式可转位车刀,就是能保证(在一定的切削用量范围内)卷屑、断屑,并有几个刀刃的刀片,用机械夹固的方法,装夹在标准的刀杆(或刀体)上,如图 2-15 所示。使用时不需刃磨(或只需稍加修磨),一个刀刃用钝后,只需把夹紧机构松开,把刀片转过一个角度,即可用另一个新的刀刃进行切削。与通用车刀相比一般无本质区别,其基本结构、功能特点是相同的。但数控车床的加工工序是自动完成的,因此对可转位车刀的要求又有别于通用车床所使用的车刀,具体要求和特点见表 2-2,常用刀片形状如图 2-16 所示。

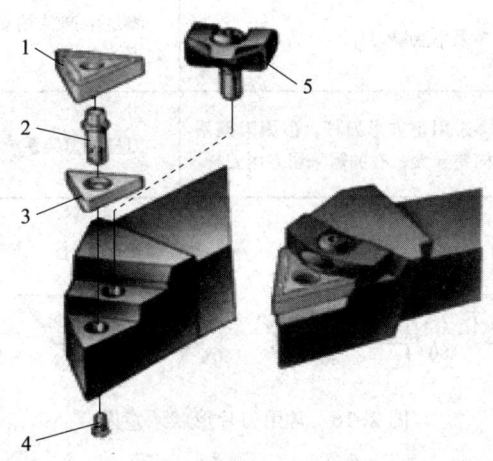

图 2-15　机械夹固式可转位外圆车刀结构
1—刀片　2—定位销　3—刀垫　4—螺钉　5—楔形压板

表 2-2　数控车床选用机械夹固式可转位车刀的特点和目的

要求	特点	目的
精度高	（1）刀片采用 M 级或更高精度等级 （2）刀杆多采用精密级 （3）用带微调装置的刀杆在机外预调好	保证刀片重复定位精度，方便坐标设定，保证刀尖位置精度
可靠性高换刀迅速	（1）采用断屑可靠性高的断屑槽型或有断屑台和断屑器的车刀 （2）采用结构可靠的车刀，采用复合式夹紧结构和夹紧可靠的其他结构 （3）采用车削工具系统 （4）采用快换小刀夹	断屑稳定，不能有紊乱和带状切屑；满足刀架快速移动和换位以及整个自动切削过程中夹紧不得有松动的要求；迅速更换不同形式的切削部件，完成多种切削加工，提高生产率
刀片材料	较多采用涂层刀片	满足生产节拍要求，提高加工效率
刀杆截形	较多采用正方形刀杆，但因刀架系统结构差异大，有的需采用专用刀杆	刀杆与刀架系统匹配

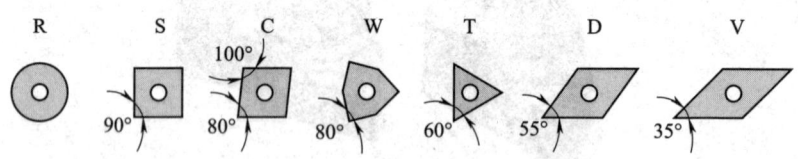

图 2-16　常用刀片形状示意图

（2）可转位车刀刀片的型号见表 2-3。

第2单元 数控车削加工工艺基础知识

表2-3 可转位车刀刀片的型号表示规则

号位	1	2	3	4	5	6	7	8	9	10	11	12	13
表达特性	刀片形状	刀片法后角	允许偏差等级	类型	刀片长度	刀片厚度	刀尖角形状	刀口截面形状	切削方向	刃截面尺寸	镶嵌或整体切削刃类型及镶嵌角数量	镶刀长度	制造商代号
举例	S	N	M	A	15	06	08	E	N	K	B	L	

号位1

T	S	W	C	D	V	R						L	O
60°	90°	80°	80°	55°	35°	○						□	其他

号位2

A	B	C	D	E	F	G	N	P	O
-3°	-5°	-7°	-15°	-20°	-25°	-30°	0°	-11°	其他

号位3

内切圆直径 d	$d(\pm)$			$m(\pm)$			刀片厚度 $S(\pm)$
	G	M	U	G	M	U	
6.35	±0.025	±0.05	±0.08	±0.025	±0.08	±0.13	±0.13
9.525		±0.05	±0.08		±0.08	±0.13	
12.70		±0.08	±0.13		±0.13	±0.20	
15.875		±0.10	±0.18		±0.15	±0.27	
19.05		±0.10	±0.18		±0.15	±0.27	

号位4

N	R	A
M	G	T

号位5

以主切削刃尺寸的整数值表示，个位数前加一个0，圆刀片用直径表示	
9.525	09
12.7	12
15.875	15
19.5	19

号位6

以刀片厚度尺寸整数表示，区别以下两个数的表示方法：个位数前加一个0	
3.18	03
3.97	T3

第2单元 数控车削加工工艺基础知识

号位 7

M0	圆刀片
00	尖刀片
02	0.2
04	0.4
05	0.5
08	0.8

号位 8

F	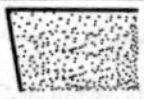
E	
T	
S	

号位 9

R	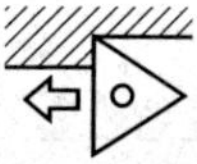
L	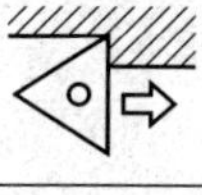
N	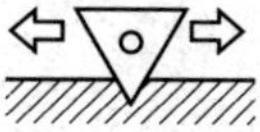

号位 10

数字代号	$b_{\gamma 1}$	γ_{b1}	$b_{\gamma 2}$	γ_{b2}
05015	0.50	15°	0.10	30°
07015	0.70	15°	0.15	30°
10015	1.00	15°	0.20	30°
15010	1.50	10°	0.25	30°

号位 11

S	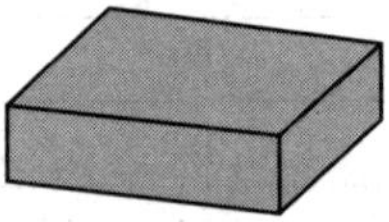
F	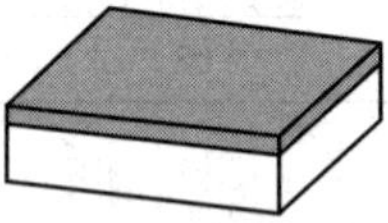
B	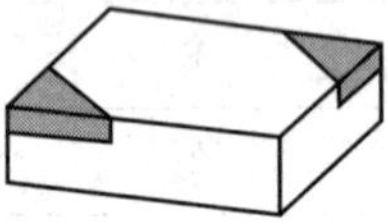
D	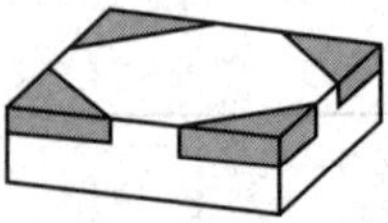
H	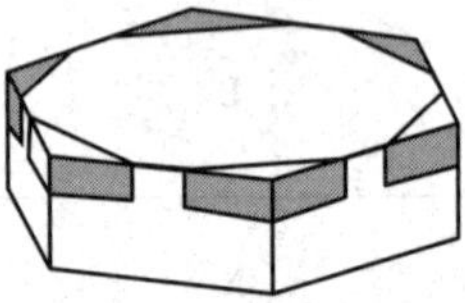

号位 12

L	长
S	短
F	全切削刃

号位 13

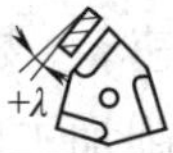

A	B	C	G
K	M	V	W
71	PF	PM	PR
UG	63	6	4

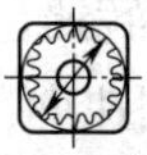

a=1、2、3、4、5、6、7

二、切削用量的选择

数控车削加工中的切削用量是机床主运动和进给运动速度大小的重要参数,包括背吃刀量a_p、主轴转速$S(n)$或切削速度v_c、进给量f或进给速度F,与普通车床加工中所要求的各切削用量基本一致。

加工程序编制过程中,选择合适的切削用量,使背吃刀量、主轴转速和进给速度三者间能互相适应,形成最佳切削参数,是工艺处理重要的内容之一。

1. 切削深度的确定

在车床主体—夹具—刀具—工件这一系统刚度允许的条件下,尽可能选取较大的背吃刀量,以减少走刀次数,提高生产率。当工件的精度要求较高时,则应考虑适当留出精车余量,所留精车余量一般比普通车削时所留余量小,常取 0.2~0.5 mm。

2. 主轴转速 S（n）或切削速度 v_c 的确定

（1）非车削螺纹时主轴转速 n。数控车削主轴转速的确定方法，除螺纹加工外，其他与普通车削加工时一样，应根据工件上被加工部位的直径，并按工件和刀具的材料及加工性质等条件所允许的切削速度来确定。在实际生产中，主轴转速可用下式计算：

$$n = 1\,000\,v_c / \pi d$$

式中　n——主轴转速，r/min；

　　　v_c——切削速度，m/min；

　　　d——工件待加工表面的直径，mm。

在确定主轴转速时，需要首先确定其切削速度，而切削速度又与背吃刀量和进给量有关。

（2）车螺纹时的主轴转速。在加工螺纹时，因其传动链的改变，原则上其转速只要能保证每转一周时，刀具沿主进给轴（多为 Z 轴）方向位移一个螺距即可，不受限制。但数控车螺纹时，会受到以下几方面的影响：

1）螺纹加工程序段中指令的螺距值，相当于以进给量 f（mm/r）表示的进给速度 v_f，如果将机床的主轴转速选择过高，其换算后的进给速度 v_f 必定大大超过正常值。

2）刀具在其位移过程中，始终受到伺服驱动系统升降频率和数控装置插补运算速度的约束，由于升降频率特性满足不了加工需要等原因，则可能因主进给运动产生出的"超前"和"滞后"而导致部分螺纹的螺距不符合要求。

3）车削螺纹必须通过主轴的同步运行功能来实现，车削螺纹需要有主轴脉冲发生器（编码器）。当其主轴转速选择过高，通过编码器发出的定位脉冲（主轴每转一周时所发出的一个基准脉冲信号）将可能因"过冲"（特别是当编码器的质量不稳定时）而导致工件螺纹产生"乱牙"。

车削螺纹时,车床主轴转速的选取将考虑到螺纹的螺距(或导程)大小、驱动电动机的升降频率特性及螺纹插补运算速度等多种因素,故对于不同的数控系统,推荐用不同的主轴转速范围。

(3)切削速度 v_c。切削时,车刀切削刃上某一点相对于待加工表面在主运动方向上的瞬时速度称为切削速度,单位为 m/min,又称为线速度(恒线速度)。

如何确定加工时的切削速度,除了可参考表 2-4 上所示的数值外,主要根据实践经验进行确定。

表 2-4   切削速度参考表

零件材料	刀具材料	a_p (mm)			
		0.38~0.13	2.40~0.38	4.70~2.40	9.50~4.70
		f (mm/r)			
		0.13~0.05	0.38~0.13	0.76~0.38	1.3~0.76
		v_c (m/min)			
低碳钢	高速钢	—	70~90	45~60	20~40
	硬质合金	215~365	165~215	120~165	90~120
中碳钢	高速钢	—	45~60	30~40	15~20
	硬质合金	130~165	100~130	75~100	55~75
灰铸铁	高速钢	—	35~45	25~35	20~25
	硬质合金	135~185	105~135	75~105	60~75
黄铜、青铜	高速钢	—	85~105	70~85	45~70
	硬质合金	215~245	185~215	150~185	120~150
铝合金	高速钢	105~150	70~105	45~70	30~45
	硬质合金	215~300	135~215	90~135	60~90

3. 进给量 f 或进给速度 F 的确定

进给量是指工件旋转一周,车刀沿进给方向移动的距离,单位为 mm/r,它与背吃刀量有着较密切的关系。粗车时一般取 0.3~0.8 mm/r,精车时常取 0.1~0.3 mm/r,切断时宜取 0.05~0.1 mm/r,

具体选择时可参考表2-4。

进给速度主要是指在单位时间里,刀具沿进给方向移动的距离。有些数控车床规定可选用以进给量(mm/r)表示的进给速度。

(1) 确定进给速度的原则

1) 当工件的质量要求能够得到保证时,为提高生产率,可选择较高(2 000 mm/min以下)的进给速度。

2) 切断、车削深孔或用高速钢刀具车削时,宜选择较低的进给速度。

3) 刀具空行程,特别是远距离"回零"时,可设定尽量高的进给速度。

4) 进给速度应与主轴转速和背吃刀量相适应。

(2) 进给速度的确定

1) 每分钟进给速度的计算。进给速度(F)包括纵向进给速度(F_Z)和横向进给速度(F_X)。其每分钟进给速度的计算式为:

$$F = nf$$

2) 每转进给速度的换算。每转进给速度(mm/r)与每分钟进给速度可以相互进行换算,其换算式为:

$$mm/r = (mm/min)/n$$

或

$$mm/min = n(mm/r)$$

3) 合成进给速度的确定。合成进给速度是指刀具的进给速度由刀具合成(斜线及圆弧插补等)运动的速度决定,即

$$\overline{F_H} = \overline{F_Z} + \overline{F_X}$$

式中 F_H——合成进给速度,mm/min。

合成速度的值为:

$$F_H = \sqrt{F_Z^2 + F_X^2}$$

由于计算合成进给速度的过程比较烦琐,所以,除特别需要外,

在编制加工程序时,大多凭实践经验或通过试切确定其速度值。

【例 2-1】

1. 工作任务

根据如图 2-17 所示零件的加工要求,编制该零件的加工工艺。零件材料为 45#,无热处理和硬度要求。

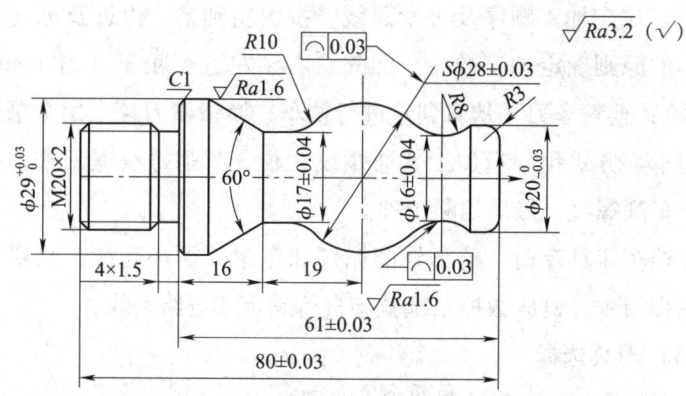

图 2-17 轴类零件

2. 任务实施

(1) 零件图工艺分析。该零件表面由圆柱、圆锥、顺圆弧、逆圆弧及普通螺纹等表面组成。其中,多个直径尺寸有较严格的尺寸精度和表面粗糙度等要求,球面 $S\phi 28$ mm 的尺寸公差还兼有控制该球面形状(线轮廓)误差的作用。零件尺寸标注完整,轮廓描述清楚。零件材料为 45#,无热处理和硬度要求。

1) 对图样上给定的几个精度要求较高的尺寸,因其公差数值较小,故编程时不必取平均值,而全部取其公称尺寸即可。

2) 在轮廓曲线上,有两处为既过象限又改变进给方向的轮廓曲线,因此在加工时应进行机械间隙补偿,以保证轮廓曲线的准确性。

3）为便于装夹，坯件左端应预先车出夹持部分，右端面也应先粗车并钻好中心孔。毛坯选 $\phi32$ mm 棒料。

（2）确定装夹方案。确定坯件轴线和左端大端面（设计基准）为定位基准。左端采用三爪自定心卡盘夹紧，右端采用活动顶尖支承的装夹方式。

（3）确定加工顺序及进给路线。按由粗到精、由近及远（由右到左）的原则确定加工顺序。即先从右到左进行粗车（留 1 mm 精车余量）；换精车刀，从右到左进行精车；换切槽刀，采用车槽循环或端面车削方式粗、精加工普通螺纹大径，车削螺纹退刀槽；换螺纹刀，车削螺纹；最后切断工件。

数控车床具有粗、精车外圆循环和车螺纹循环功能，只要正确使用编程指令，机床数控系统就会自行确定其进给路线。

（4）刀具选择

1）选用 $\phi4$ mm 中心钻钻削中心孔。

2）粗车外轮廓及端面选用 90°硬质合金车刀，为防止副后面与工件轮廓干涉（可用作图法检验），副偏角不宜太小，选刀尖角为 35°或 55°、刀尖圆弧半径 r 0.8 mm 的外圆车刀。

3）精车外轮廓时采用刀尖角为 35°、刀尖圆弧半径 r 0.8 mm 的涂层刀或硬质合金刀。

4）切削工件左边螺纹退刀槽时采用车槽刀。

5）粗车外螺纹选用硬质合金 60°外螺纹车刀。

将所选定的刀具参数填入数控加工刀具卡（见表 2-5）中，以便于编程和操作管理。

表 2-5　　　　　数控加工刀具卡

序号	刀具号	刀具名称及规格	刀尖半径	数量
1	T0101	90°粗右偏外圆刀	0.8 mm	1

续表

序号	刀具号	刀具名称及规格	刀尖半径	数量
2	T0202	90°精右偏外圆刀	0.8 mm	1
3	T0303	4 mm 车槽刀	0.1 mm	1
4	T0404	60°外螺纹刀	—	1

（5）切削用量选择

1）背吃刀量的选择。轮廓粗车循环时选用 a_p = 2 mm，精车 a_p = 0.5 mm；螺纹粗车时依次选用 a_p = 0.9 mm、a_p = 0.6 mm、a_p = 0.6 mm、a_p = 0.4 mm，精车 a_p = 0.1 mm。

2）主轴转速的选择。车直线和圆弧时，查表选用粗车切削速度 v_c = 90 m/min，精车切削速度 v_c = 120 m/min。然后利用公式计算主轴转速（粗车工件直径 D = 64 mm，精车工件直径取平均值），粗车 500 r/min、精车 1 200 r/min。车螺纹时主轴转速 n = 320 r/min。

3）进给速度的选择。选择粗车、精车每转进给量分别为 0.4 mm/r 和 0.15 mm/r。粗车、精车进给速度分别为 180 mm/min 和 120 mm/min。

三、金属切削过程基本规律

1. 切屑的形成过程及种类

（1）切屑的形成过程。塑性金属受压时，随着外力的增加，金属先后产生弹性变形、塑性变形，并使金属晶格产生滑移，而后断裂。以直角自由切削为例，如果忽略了摩擦、温度和应变速度的影响，金属切削过程如同压缩过程，切削层受刀具挤压后也产生塑性变形。

通常把切削刃作用部分的金属层划分为三个变形区，如图 2-18 所示。

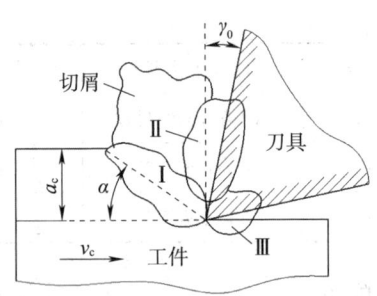

图 2-18 三个变形区的划分

Ⅰ变形区：靠近切削刃处切削层内产生的剪切变形区。切削层金属在刀具前刀面的挤压力作用下，首先产生弹性变形，当最大切应力达到材料的屈服极限时，即会发生剪切滑移。随着刀具前刀面的逐渐趋近，塑性变形逐渐增大，并伴随变形强化，直至剪切滑移终止，被切削金属层与母体脱离成为切屑沿刀具前刀面流出。

Ⅱ变形区：与前刀面接触的切屑层内产生的变形区。经Ⅰ变形区剪切滑移而形成的切屑，在沿刀具前刀面流出过程中，靠近前刀面处的金属受到前刀面的挤压而产生剧烈摩擦，再次产生剪切变形，使切屑底层薄薄的一层金属流动滞缓，这一层滞缓流动的金属层称为滞流层。滞流层的变形程度比切屑上层大几倍到几十倍。

Ⅲ变形区：靠近切削刃处已加工表层内产生的变形区。工件已加工表面金属层受到切削刃钝圆部分和后刀面的挤压、摩擦而产生塑性变形，造成表层金属的纤维化和加工硬化，并产生一定的残余应力。Ⅲ变形区的金属变形，将影响到工件的表面质量和使用性能。

以上分别讨论了三个变形区各自的特征。但必须指出，三个变形区是互相联系而又互相影响的。金属切削过程中的许多物理现象都和三个变形区的变形密切相关。研究切削过程中的变形，是掌握金属切削加工技术的基础。

（2）切屑的种类。在金属切削过程中，工件上切削层在刀具刃刃的切割及前刀面的强烈推挤和摩擦的情况下，经过弹性变形、塑性变形、剪切和滑移变形，逐渐与母体分离而形成切屑。金属的切削过程异常复杂。由于工件材料、刀具的角度及切削用量不同，切割下来的金属切屑类型、形状也不一样，通常将切屑分为四类，如图 2-19 所示。

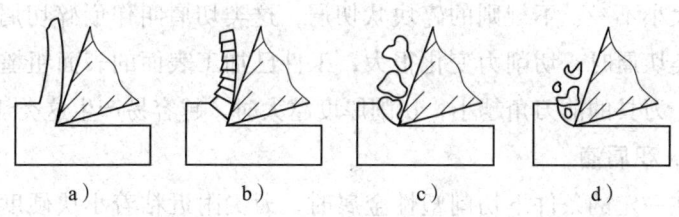

图 2-19　切屑的种类
a) 带状切屑　b) 挤裂切屑　c) 单元切屑　d) 崩碎切屑

1) 带状切屑。其切屑延续成带状。带状切屑的内表面光滑，外表面呈毛茸状态，侧面用显微镜可以看到许多剪切面的条纹。在切削塑性金属、切削厚度较小、切削速度较高、刀具前角较大时，容易得到这种切屑。形成这种切屑的优点是切削过程稳定，切削力波动很小，工件表面加工质量高。缺点是过长的带状切屑缠绕在工件、刀具上，影响操作和安全，因此必须采取断屑措施。

2) 挤裂切屑。这类切屑的外表面呈锯齿状，内表面有裂纹，说明切割时其内部局部剪切应力达到了材料的强度极限。在切削塑性金属、切削厚度较大、切削速度较低、刀具前角较小时易得到这类切屑。在形成这类切屑的过程中，切削力波动较大，切削过程也欠平稳，故工件已加工表面的表面粗糙度值较大。

3) 单元切屑。在切削时，如果切屑破裂成较大的不规则的块状结构，这种切屑叫单元切屑。形成这类切屑的原因是，切屑内部的剪应力超过了材料的强度极限，切屑沿某一截面破裂，不能形成连续的切屑。一般在切削塑性金属、切削厚度大、切削速度低、刀具前角小时容易得到这种切屑。形成这种切屑时，切削力波动很大，切削过程很不平稳，工件已加工表面的表面粗糙度值大，故在生产中应避免出现这种切屑。

4）崩碎切屑。在切削脆性金属时，切削层金属在刀具前刀面的推挤作用下，切削刃前方的金属在塑性变形很小时就被挤裂和脆断，形成大小不一、不规则的碎块状切屑，这类切屑叫作崩碎切屑。形成这类切屑时，切削力变化很大，工件已加工表面的表面粗糙度值很大。刀具的前刀角越小，切削厚度越大时，越容易产生这类切屑。

2. 积屑瘤

在一定的条件下切削塑性金属时，刀尖附近粘着小块硬度较高的金属（见图 2-20），这块金属称为积屑瘤。积屑瘤对切削过程和加工表面质量有很大影响。

（1）积屑瘤产生的条件和原因。产生积屑瘤的条件是切削塑性金属和采用中等切削速度（5~60 m/min）。在切削一般钢料或其他塑性材料时，切削层金属在刀具刀刃的切割作用下被迫脱离母体，底层沿着刀具前刀面流动，切削层与前刀面之间发生摩擦。这种摩擦不是一般的摩擦，因为与前刀面接触的是刚从工件上切下来的新鲜金属表面，这种金属表面粗糙度值很大，因而切屑与前刀面间的摩擦因数很大。同时，切削过程中刀具的前刀面对切屑的推挤作用产生巨大的压力。巨大的压力和摩擦使切屑底层金属的流动速度较切屑的上层缓慢得多，并沿前刀面产生很大的变形，出现滞流现象。当切屑与前刀面的压力和温度达到一定时，发生冷焊现象，经过冷焊的切屑底层金属就停留在前刀面上，形成第一层积屑瘤，这层积屑瘤又使与它接触的一层金属产生很大的塑性变形，并堆积在它的上面。这样不断堆积，积屑瘤不断长大。当长到一定的高度时，形成了一个完整的积屑瘤。积屑瘤的存在，改变了刀具的前角。

当切削速度很低（小于 2~5 m/min），刀具前刀面与切削层之间的压力和温度较低时,不具备形成积屑瘤的条件。当切削速度很高时,切屑底层的金属温度很高,底层金属的流动性增加,摩擦因数明显降低,也不会形成积屑瘤。

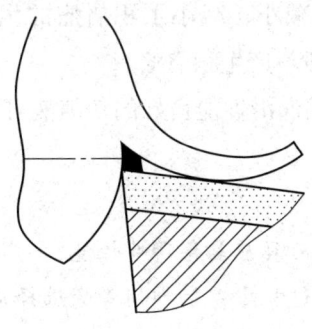

图 2-20　积屑瘤

（2）积屑瘤对切削过程的影响

1）增大刀具的实际前角。积屑瘤形成以后,由于它的硬度很高,可以代替刀刃进行切削,保护了刀刃,减小了切削变形和切削力。

2）影响加工尺寸精度和工件表面质量。由于积屑瘤顶端伸出刀刃之外,切割时增大了背吃刀量,同时在已加工表面留下纵向沟痕,破坏了工件表面的加工精度和质量。

由此可见,在粗加工时,产生积屑瘤对切削有一定好处；但在精加工时,应避免产生积屑瘤。

（3）影响积屑瘤的因素

1）切削速度。实验研究表明,切削速度是通过切削温度对前刀面的最大摩擦因数和工件材料性质的影响而影响积屑瘤的。控制切削速度使切削温度控制在 300 ℃以下或 380 ℃以上,就可以减少积屑瘤的生成。

2）进给量。进给量增大,则切削厚度增大。切削厚度越大,刀、屑的接触长度越长，从而形成积屑瘤的生成基础。若适当降低进给量，则可削弱积屑瘤的生成基础。

3）前角。若增大刀具前角，切屑变形减小，则切削力减小，从而使前刀面上的摩擦减小，减小了积屑瘤的生成基础。实践证明，前角增大到35°时一般不产生积屑瘤。

4）切削液。采用润滑性能良好的切削液可以减少或消除积屑瘤的产生。

【思考与练习】

1. 数控车床常用刀具应具备哪些性能？
2. 数控车削加工过程中，切削用量的选择应遵循什么原则？
3. 简述切屑的几种类型。
4. 如何避免积屑瘤的产生？

模块4 数控机床坐标系统

【学习目标】

1. 了解右手笛卡儿直角坐标系，并能判定数控机床的运动坐标轴。
2. 理解机床坐标系和工件坐标系的概念及相互联系。

规定数控机床坐标轴及运动方向，是为了准确地描述机床的运动，简化程序的编制过程，并使所编程序有互换性。目前国际标准化组织已经统一了标准坐标系，我国也制订了GB/T 19660—2005《工业自动化系统与集成 机床数值控制坐标系和运动命名》国家标准予以规定，对数控机床的坐标和运动方向做了明文规定。

为了使编程人员能在不知道机床加工工件时是刀具移向工件，还是工件移向刀具的情况下，就可以根据图样确定机床的加工过程，规定永远假定刀具相对于静止的工件而运动。

1. 数控机床坐标系的确定原则

在数控机床上加工工件，机床的动作是由数控系统发出的指令来控制的。为了确定机床的运动方向和移动的距离，就要在机床上建立一个坐标系，这个坐标系就叫作机床坐标系。

数控车床的坐标系统，包括坐标系、坐标原点和运动方向。建立车床坐标系是为了确定刀具和工件在车床上的相对位置，确定车床运动部件的位置及其运动范围。

（1）刀具相对于静止工件而运动的原则。即在数控机床上，不论是刀具运动还是工件运动，一律以刀具运动为准，工件看成是不动的。这样可以按工件轮廓确定刀具加工轨迹。

（2）机床坐标系采用右手笛卡尔直角坐标系原则。如图2-21所示，数控机床的坐标系采用右手笛卡儿直角坐标系，张开食指、中指与拇指并相互垂直，中指指向+Z方向，拇指指向+Y方向。三个坐标轴与机床主要导轨平行。旋转坐标轴A、B、C的正方向根据右手螺旋法则确定。

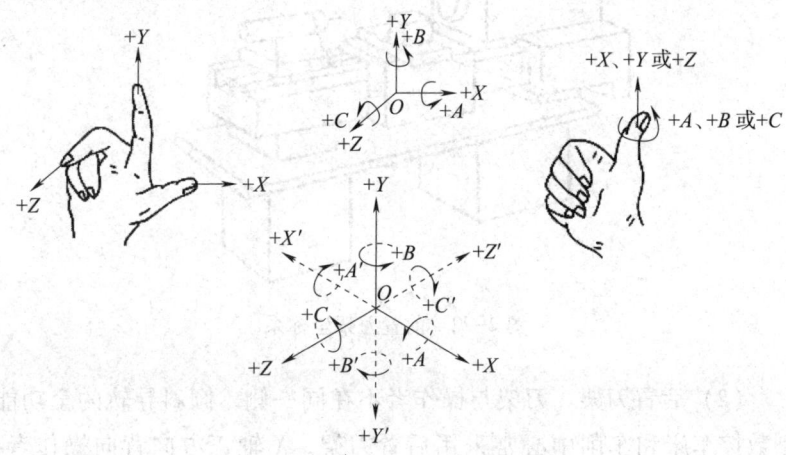

图2-21　右手笛卡儿直角坐标系

(3) 运动方向的确定原则。数控机床某一部件运动的正方向，是增大工件和刀具之间距离的方向。

2. 机床坐标系的确定方法

数控机床一般先确定 Z 轴，然后确定 X 轴和 Y 轴。规定平行于机床主轴（传递切削动力）的刀具运动坐标轴为 Z 轴；X 轴处于水平位置，垂直于 Z 轴且平行于工件装夹平面；最后，根据右手笛卡尔直角坐标系原则确定 Y 轴（数控车床不用 Y 轴）。

3. 卧式数控车床机床坐标系

卧式数控车床机床坐标系有两个坐标轴，分别是 Z 轴和 X 轴。Z 轴为平行于车床主轴的坐标轴，其正方向从工作台到尾座，即刀具远离工作台的运动方向；X 轴为平行于刀具装夹方向的坐标轴，其正方向为刀具离开工件旋转中心的方向。

(1) 前置刀架。刀架与操作者在同一侧，水平导轨的经济型数控车床常采用前置刀架，X 轴正方向指向操作者，如图 2-22 所示。

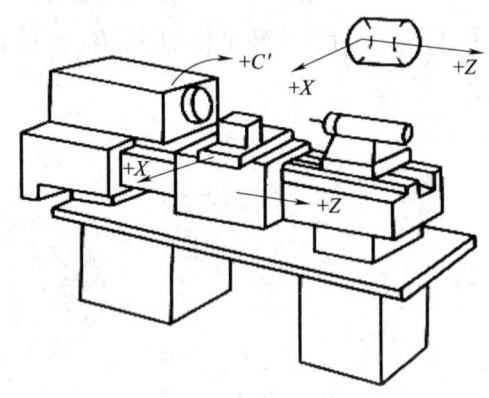

图 2-22 前置刀架坐标系

(2) 后置刀架。刀架与操作者不在同一侧，倾斜导轨的全功能型数控车床和车削中心常采用后置刀架，X 轴正方向背向操作者，如图 2-23 所示。

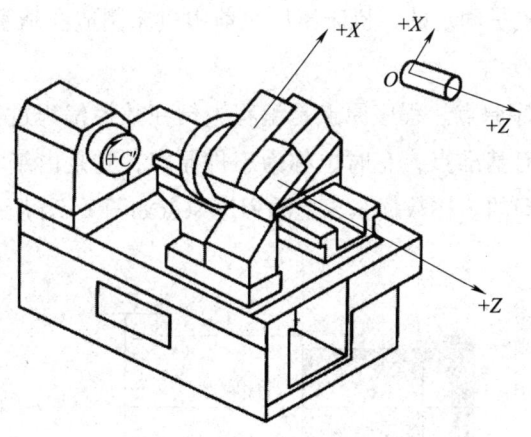

图 2-23 后置刀架坐标系

4. 坐标原点

(1) 机床原点。机床原点又称机械原点,它是机床坐标系的原点。该点是机床上一个固定的点,是机床制造商设置在机床上的一个物理位置,通常不允许用户改变。机床原点是工件坐标系、机床参考点的基准点。车床的机床原点为主轴旋转中心与卡盘后端面的交点(图 2-24 中的 O 点)。

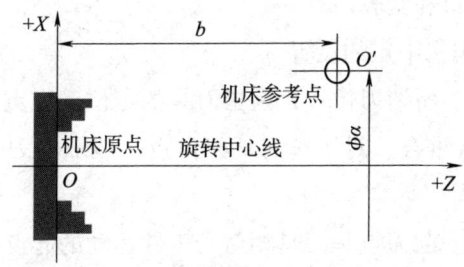

图 2-24 机床原点与机床参考点

(2) 机床参考点。机床参考点也称为机床回零点,是机床制造商在机床上用行程开关设置的一个物理位置。机床参考点与机床原点的相对位置是固定的,机床出厂之前由机床制造商精密测量确定,如图 2-24 所示。

(3) 程序原点。程序原点是编程人员在数控编程过程中定义在工件上的几何基准点,有时也称为工件原点,它是由编程人员根据情况自行选择的。在数据车床上的程序原点如图 2-25 所示。

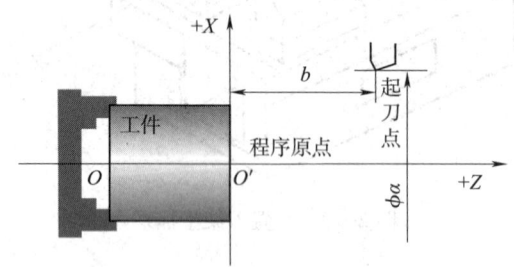

图 2-25　程序原点

(4) 选择程序原点的原则

1) 选在零件图样的基准上,以利于编程。

2) 选在尺寸精度高、表面粗糙度值低的零件表面上。

3) 选在零件的对称中心上。

4) 便于测量和验收。

(5) 程序编辑中点的设置

1) 刀位点。所谓刀位点,是指刀具的定位基准点。对刀时应使对刀点与刀位点重合。对于车刀,刀位点一般取为刀尖;钻头则取为钻尖。

2) 起刀点。起刀点是刀具相对于工件运动的起点。

3) 换刀点。换刀点设在工件的外部,以能顺利换刀、不碰撞工件及其他部件为准。本教材换刀点设置为 (X100 Z100)。

5. 工件坐标系

工件坐标系是编程时使用的坐标系,因此又称编程坐标系。工件坐标系的原点也称工件原点或程序原点,其位置由编程人员确定。确定工件原点的原则是便于编程计算,故应尽量将工件原点设在零件图的尺寸基准或工艺基准处。数控车床的工件原点一般选在主轴中心线与工件右端或左端的交点处,如图2-25所示。

数控车床工件坐标系设定：与机床导轨平行的方向（卡盘中心到尾座顶尖的方向）为 Z 轴,与机床导轨垂直的方向为 X 轴。规定从卡盘中心—尾座顶尖中心的方向为 Z 轴正方向,刀具远离主轴旋转中心的方向为 X 轴正方向。

【思考与练习】

1. 确定工件坐标系原点的原则是什么？
2. 什么是机床坐标系？工件坐标系与机床坐标系的关系是什么？

模块 5 数控车削编程

【学习目标】

1. 理解数控编程的概念与编程方法。
2. 掌握数控程序的格式与组成。

一、数控编程概述

1. 数控编程的概念

数控机床可按照事先编制好的加工程序,对被加工零件进行自动加工。人们把零件的加工工艺路线、工艺参数,刀具的运动轨迹、位移量、切削参数（主轴转速、进给量、背吃刀量等）,以及辅助功能（换刀、主轴正反转、切削液开关等）,按照数控机床规定的指令代码及程序格式编写成加工程序单,再把这一程序单中的内容记录在控制介质上,然后输入到数控机床的数控装置中,从而指挥机床加工零件。

这种从零件图分析到制成控制介质的全部过程叫作数控编程。

2. 数控编程的步骤

数控编程的步骤如图 2-26 所示。

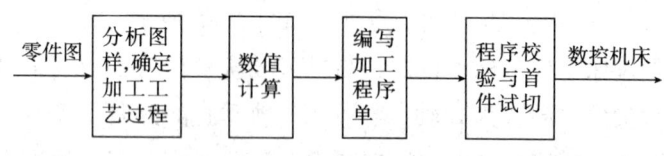

图 2-26　数控编程的步骤

（1）分析图样，确定加工工艺过程。在确定加工工艺过程时，编程人员要根据图样对工件的形状、尺寸、技术要求进行分析，然后选择加工方案，确定加工顺序、加工路线、装夹方式、刀具及切削参数，同时还要考虑所用数控机床的指令功能，充分发挥机床的效能。加工路线要短，要正确选择对刀点、换刀点，减少换刀次数。

（2）数值计算。根据零件图的几何尺寸，确定工艺路线及设定的坐标系，计算零件粗、精加工各运动轨迹，得到刀位数据。对于点位控制的数控机床（如数控冲床），一般不需要计算，只是当零件图样坐标系与编程坐标系不一致时，才需要对坐标进行换算。对于形状比较简单的零件（如直线和圆弧组成的零件）的轮廓加工，需要计算出几何元素的起点、终点，圆弧的圆心，两个几何元素的交点或切点的坐标值，有的还要计算刀具中心的运动轨迹坐标值。对于形状比较复杂的零件（如非圆曲线、曲面组成的零件），需要用直线段或圆弧段逼近，根据要求的精度计算出其节点坐标值，这种情况一般要用计算机来完成数值计算工作。

（3）编写加工程序单。加工路线、工艺参数及刀位数据确定以后，编程人员可以根据数控系统规定的功能指令代码及程序段格式，逐段编写加工程序单。此外，还应填写有关的工艺文件，如数控加工工序卡片、数控刀具卡片、数控刀具明细表、工件安装和零点设定卡片、数控加工程序单等。

数控程序的编制可以用手工编程和自动编程两种方式完成。手工编程是学习数控编程的基础，根据数控系统使用合适的 G 代码完成零件加工的程序编制。手工编程的工作量较大，且易出错，但可以为初学者奠定工艺基础。自动编程是利用 CAD 技术进行计算机辅助设计，再利用 CAM 技术进行辅助数控编程，通过 DNC 技术传送到数控机床进行加工，从而完成整个复杂零件的数控加工过程。常用的 CAD/CAM 系统软件很多，如 UG、Pro/Engineer、Cimatron、Mastercam、CAXA 等，它们各有特点，各有侧重。

(4) 程序校验与首件试切。将程序内容输入到数控装置中，让机床空运行，在 CRT 图形显示屏上模拟刀具与工件切削过程中的走刀路线，但这种方法只能检验出运动是否正确，不能查出被加工零件的加工精度及切削参数是否合理，因此有必要进行零件的首件试切。当发现有加工误差时，应分析误差产生的原因，找出问题所在，加以修正。

从以上内容来看，作为一名编程人员，不但要熟悉数控机床的结构、数控系统的功能及标准，而且还必须是一名好的工艺人员，要熟悉和掌握零件的加工工艺、装夹方法、刀具、切削用量的选择等方面的知识。

二、常用指令代码

数控机床加工中的动作在程序中用指令的方式事先予以规定，这类指令有准备功能 G、辅助功能 M、刀具功能 T、主轴转速功能 S 和进给功能 F 等。由于目前数控机床的形式和数控系统的种类较多，同一 G 指令或同一 M 指令其含义不完全相同，甚至完全不同。因此，编程人员在编程前必须对所使用的数控系统功能进行仔细研究，掌握每个指令的确切含义，以免发生错误。

1. 准备功能

准备功能也称为 G 功能或称为 G 代码，它是用来指令车床工作方式或控制系统工作方式的一种命令。G 功能由地址符 G 和其后的两位数字（00~99）组成，从 G00 到 G99 共 100 种功能，用以指令机床不同的动作，如用 G01 来指令运动坐标的直线进给。

G 代码有模态 G 代码和非模态 G 代码之分。非模态 G 代码只限于被指令的程序段中有效；而模态 G 代码在同组 G 代码出现之前，其代码一直有效。

目前，国内外的数控车床 G 代码广泛使用 ISO 代码，但其标准化程度不高，指定功能代码（不能用于其他功能的代码）少，而不指定功能代码（指在将来有可能规定其他功能的代码）和永不指定功能代码（指在将来也不指定其功能的代码）大部分与数控系统 G 代码功能并非一致，使得不同数控系统的编程差异较大，故必须按照所用数控系统说明书的具体规定来使用。表 2-6 为 FANUC 0i—TC 系统常用的准备功能指令。

表 2-6　FANUC 0i—TC 系统常用的准备功能指令

G 指令	组号	功能	G 指令	组号	功能
★G00	01	快速定位	G71	00	外圆粗车复合循环
G01		直线插补（切削进给）	G72		端面粗车复合循环
G02		圆弧插补（顺时针）	G73		封闭车削复合循环
G03		圆弧插补（逆时针）	G74		端面深孔加工循环
G04	00	暂停	G75		切槽加工循环
G20		英制输入	G76		复合型螺纹车削循环
★G21		公制输入	G90	01	外圆单一车削循环
G32	01	螺纹单步切削	G92		螺纹单一车削循环
★G40	07	取消刀尖圆弧半径补偿	G94		端面单一车削循环
G41		刀尖圆弧半径左补偿	G96	02	恒线速度控制
G42		刀尖圆弧半径右补偿	★G97		恒线速度控制取消

续表

G 指令	组号	功能	G 指令	组号	功能
G50	00	坐标系、主轴最大转速设定	G98	05	每分钟进给设定
G70		精加工循环	★G99		每转进给设定

注：带★号的 G 指令表示接通电源时即为该 G 指令状态。00 组的 G 指令为非模态 G 指令，其他均为模态 G 指令。在编程时，G 指令中前面的 0 可省略，G00、G01、G02、G03、G04 可以简写为 G0、G1、G2、G3、G4。

2. 辅助功能

辅助功能也称 M 功能，用以指令数控机床中的辅助装置的开关动作或状态。辅助功能是用地址 M 及其后续数字（一般为两位数）来指定。

由于数控机床实际使用的符合 ISO 标准地址符，其标准化的程度与 G 指令一样不高，指定代码少，不指定代码和永不指定代码多，M 功能代码常因数控系统生产厂家及机床结构的差异和规格的不同而有所差别。因此，编程人员必须熟悉具体所使用数控系统的 M 功能指令的功能含义，不可盲目套用。表 2-7 为 FANUC Oi-TC 系统常用的辅助功能指令。

表 2-7 FANUC Oi-TC 系统常用的辅助功能指令

M 指令	功能	M 指令	功能
M00	程序停止	M08	冷却液开
M01	选择停止	M09	冷却液关
M02	程序结束	M30	程序结束并返回
M03	主轴正转	M41~M44	主轴转数挡位 1~4 挡
M04	主轴反转	M98	子程序调用
M05	主轴停止	M99	子程序调用结束，返回主程序

3. 进给功能

在切削工件时，用指定的速度来控制刀具运动和切削进给速度的功能称为进给功能，也称 F 功能。对于数控车床，其进给的方式可以分为每分钟进给和每转进给两种。

（1）每分钟进给，即刀具每分钟走的距离，单位为 mm/min，与车床转速大小无关，其进给进度不随主轴转速的变化而变化，与普通车床的进给量概念有区别，现在大多数经济型数控车床都采用这种进给方式来指令。对于初学者来说，F 功能数值的确定往往不合理，主要是缺少切削方面的知识。对于 F 值的确定，可用公式：F 值=主轴转速×所选进给量来计算。如车削外圆，主轴转速分别定为 400 r/min 和 600 r/min，而进给量都选为 0.3 mm/r，则 F 值分别为 F120 和 F180。但相对于切削进给速度而言，它的每转进给量都是一样的。在这里的车床转速和所选进给量，都是根据材料种类、直径大小、刀具、背吃刀量等因素而定的，与普通车床的进给量选择基本一致。

每分钟进给（G98）：在含有 G98 的程序段后面遇到 F 指令时，则认为 F 所指定的进给速度单位为 mm/min。G98 被执行一次后，系统将保持 G98 状态，直到被 G99 取消为止。

（2）每转进给，即车床主轴每转一圈，刀具向进给方向移动的距离，单位为 mm/r。主轴每转刀具的进给量用 F 后续的数值直接指令，用 G99 配合指令。如"G99 F0.3"表示主轴每转一圈，刀具向进给方向移动 0.3 mm，与普通车床的进给量概念完全相同，其进给的速度随主轴转速的变化而变化。

对于 F 功能数值的指定范围要参照机床系统说明书中所规定的数值范围进行设定，不可超出指定的范围。

每转进给（G99）：系统开机状态为 G99 状态，只有输入 G98 指令后 G99 才被取消。在含有 G99 的程序段后面遇到 F 指令时，则认为 F 所指定的进给速度单位为 mm/r。

4. 刀具功能

刀具功能也称为 T 功能，用于指令加工中所用刀具号及自动补偿编组号的地址字，其自动补偿内容主要指刀具的刀位偏差及刀具半径补偿。在数控车床中，地址符 T 的后续数字有以下两种规定。

（1）两位数规定。首位数字一般表示刀具号，常用 0~8 共 9 个数字，其中 0 表示不转刀。末位数表示刀具补偿的编组号，常用 0~8 共 9 个数字，其中 0 表示补偿量为零。例如"T23"表示将 2 号刀转到切削位置，并执行第 3 组刀具补偿值。

（2）四位数规定。对刀具较多的数控车床或车削中心，一般规定其后续数字为四位数，前两位为刀具号，后两位为刀具补偿的编组号。本书介绍的 FANUC 系统就采用四位数规定，如"T0203"表示将 2 号刀转到切削位置，并执行第 3 组刀具补偿值。

5. 主轴功能

主轴转速指令功能，由地址 S 及其后面的数字表示，目前有 S2（两位数）、S4（四位数）表示法，即 S×× 和 S××××。一般经济型数控车床用一位或两位约定的代码来控制主轴某一挡位的高速和低速；对于具有无级调速功能的数控车床，则可由后续数字直接表示其主轴的给定转速（r/min）。此外，对于具有恒线速度切削功能的数控车床，其加工程序中的 S 指令既可指令恒定转速（r/min），也可指令车削时的恒定线速度（m/min）。

（1）国内的数控车床一般用一位或两位数字约定的代码表示，对应机床提供的六级主轴机械换挡（每个挡位有高速挡和低速挡），用 S1 指定高速，S2 指定低速；还要用 M 代码来指定主轴旋转方向，M03 正转，M04 反转。这里的高速、低速只是相对于机床上的某个机械挡位而言的。

（2）用地址 S 和其后面的四位数值直接指令轴的转数（r/min），如"S1 200"表示主轴恒定转速为 1 200 r/min。对于具有恒线速度控制功能的数控系统，则 S 后面的线速度是恒定的，随着车削直径的变化，根据给定线速度计算出主轴转速。

编程时，使用以下 G 代码配合 S 代码指定主轴的速度。

G96（恒线速度控制指令）。G96 是恒线速度控制有效指令。系统执行 G96 指令后，S 后面的数值表示切削速度。例如"G96 S100"表示切削速度是 100 m/min。

G97（指定主轴转速）。G97 是恒线速度控制取消指令。系统执行 G97 指令后，S 后面的数值表示主轴每分钟的转数。例如"G97 S800"表示主轴转速为 800 r/min。系统开机状态为 G97 状态。

例如："G96 S18"表示切削速度为 18 m/min；"G97 S1 200"表示取消 G96，主轴转速为 1 200 r/min。

G50（主轴最高速度限定）。G50 除具有坐标系设定功能外，还有主轴最高转速限定功能，即用 S 指定的数值限定主轴每分钟的最高转速。例如"G50 S2 000"表示主轴最高转速为 2 000 r/min。

用恒线速度控制加工端面、锥度和圆弧时，由于 X 坐标值不断变化，当刀具逐渐接近工件的旋转中心时，主轴转速会越来越高，达到机床极限转速，工件有从卡盘飞出的危险，所以为防止事故发生，此时必须限定主轴的最高转速。

三、数控加工程序的格式

每一种数控系统，根据系统本身的特点与编程的需要，都有一定的程序格式。对于不同的数控系统，其程序格式也不尽相同。因此，编程人员在按数控程序的常规格式进行编程的同时，还必须按照系统说明书的格式进行编程。

1. 程序的结构

一个完整的程序，一般由程序号、程序内容和程序结束三部分组成。

【例2-2】

O0001；		程序号
N0010 T0101；	⎫	
N0020 G99；	⎪	
N0030 M03 S400；	⎪	
N0040 G00 X100 Z100；	⎬ 程序内容
N0050 G00 X42 Z2；	⎪	
N0060 G01 Z-50 F0.3；	⎪	
N0070 G01 X50；	⎪	
N0080 G01 Z2；	⎭	
N0090 M30；		程序结束

（1）程序号。程序号是程序的开始部分，每一个独立的程序都要有一个程序编号用以相互区别。因为程序号是加工程序开始部分的识别标记（又称为程序名），所以同一数控系统中的程序号不能重复。程序号写在程序的最前面，必须单独占一行。FANUC 系列数控系统中，程序号的书写格式为 O××××，其中 O 为地址符，其后为四位数字，数值从 O0000 到 O9999。

（2）程序内容。程序内容是整个加工程序的核心，它由许多程序段组成，每个程序段由一个或多个指令构成，它表示除数控加工结束外的全部动作。

（3）程序结束。结束部分由程序结束指令构成，它必须写在程序最后。可以作为程序结束标记的 M 指令有 M02 和 M30 两种形式，它们代表零件加工程序的结束。为了保证最后程序段的正常执行，通常要求 M02/M30 单独占一行。

此外，子程序的结束标记因系统不同而不同，如 FANUC 系统中用 M99 表示子程序结束返回主程序，而在 SIEMENS 系统中则通常用 M17、M02 或字符"RET"作为子程序的结束标记。

2. 程序段格式

零件的加工程序是由程序段组成的，每个程序段由若干个数据字组成，每个字是控制系统的具体指令，它是由表示地址的英语字母、特殊文字和数字集合而成。程序段格式是指一个程序段中字、字符、数据的书写规则，通常有以下三种格式。

（1）字—地址程序段格式。字—地址程序段格式是由程序段号、数据字和程序段结束组成。各字前有地址，各字的排列顺序要求不严格，数据的位数可多可少，不需要的字以及与上一程序段相同的有效字可以不写。该格式的优点是程序简短、直观，容易校验、修改，故该格式在目前广泛使用。

字—地址程序段格式如下：

N —— G —— X —— Y —— Z —— F —— S —— T —— M —— LF

| 程序段号 | 准备功能 | 尺寸功能字 | | | 进给功能字 | 主轴功能字 | 刀具功能字 | 辅助功能字 | 结束标记 |

例：N0010 G01 X40.0 Z-70.0 F100 S1 000 T0101 M03；

（2）程序段的组成

1）程序段号。程序段号由地址符"N"开头，其后为若干位数字。

在大部分系统中，程序段号仅作为"跳转"或"程序检索"的目标位置指示。因此，它的大小及次序可以颠倒，也可以省略。程序段在存储器内以输入的先后顺序排列，而程序的执行是严格按信息在存储器内的先后顺序一段一段地执行，也就是说执行的先后次序与程序段号无关。但是，当程序段号省略时，该程序段将不能作为"跳转"或"程序检索"的目标程序段。

程序段号也可以由数控系统自动生成，程序段号的递增量可以通过"机床参数"进行设置，一般可设定增量值为10。

2)程序段内容。程序段的中间部分是程序段的内容,程序段内容应具备六个基本要素,即准备功能字、尺寸功能字、进给功能字、主轴功能字、刀具功能字和辅助功能字,但并不是所有程序段都必须包含所有功能字,有时一个程序段内仅包含其中一个或几个功能字也是允许的。

3)程序段结束。程序段以结束标记"CR(或LF)"结束,实际使用时,常用符号";"或"*"表示"CR(或LF)"。

(3)程序的斜杠跳跃。有时在程序段的前面有"/"符号,该符号称为斜杠跳跃符号,该程序段称为可跳跃程序段,如以下程序段:

/N10 G00 X100.0;

这样的程序段,可以由操作者对程序段和执行情况进行控制。当操作机床使系统的"跳过程序段"信号生效时,程序执行时将跳过这些程序段;当"跳过程序段"信号无效时,程序段照常执行,该程序段和不加"/"符号的程序段相同。

四、数控车床的编程规则

1. 绝对值编程与增量值编程

零件图上的尺寸标注分为绝对尺寸标注和增量尺寸标注两类。绝对尺寸标注的零件尺寸,是从工件坐标系的原点进行标注的(即坐标值);增量尺寸标注某点零件尺寸,是相对它前一点的位置增量进行标注的,即零件上后一点的位置是以前一点为零点进行标注的。

(1)绝对值编程。刀具(或机床)运动轨迹的坐标值是以相对于工件坐标系的坐标原点 O 给出的,称为绝对坐标,该坐标系称为绝对坐标系。绝对值编程用地址 X、Z 进行编程。如图 2-27 所示,P_1、P_2、P_3 是以坐标原点 O(P_0)计算的,其坐标值为 P_1(X30 Z0)、P_2(X40 Z-25)、P_3(X60 Z-40)。

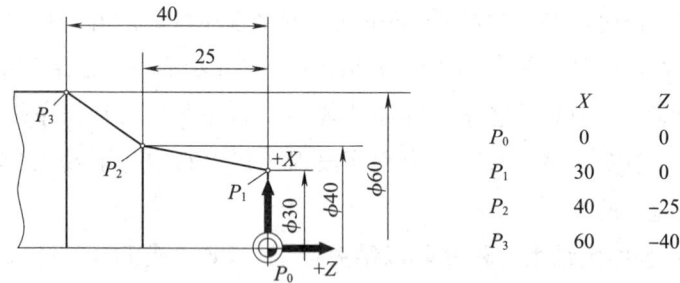

图 2-27 绝对尺寸标注

（2）增量值编程。刀具（或机床）运动轨迹的坐标值是相对于前一位置（或起点）来计算的，称为增量（或相对）坐标，该坐标系称为增量坐标系。

有些系统增量坐标常用代码表中的 U、W 表示。U、W 分别表示与 X、Z 轴平行且同向的坐标轴。如图 2-28 所示，P_1（U0 W0）、P_2（U5 W-25）、P_3（U10 W-15）。

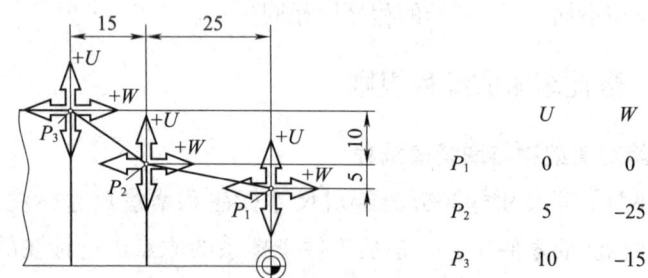

图 2-28 增量尺寸标注

当对零件的加工轮廓进行编程时，要将图样上的尺寸换算成点的坐标值。如果选用的工件原点、程序原点位置不同，采用的尺寸标注方式不同（绝对尺寸或增量尺寸），其点的坐标值也不同。

2. 公制编程与英制编程

工程图样中的尺寸标注有公制和英制两种形式，可利用 G21/

G20 代码进行公制尺寸或英制尺寸的转换，默认情况下，系统加电后车床处于 G21 状态。

3. 直径值编程与半径值编程

数控车床加工零件具有回转体特征，尺寸有直径指定和半径指定两种方法。当用直径值编程时，称为直径编程法；用半径值编程时，称为半径编程法。

数控车床出厂时一般设定为直径编程。如需用半径编程，要改变系统中相关参数，使系统处于半径编程状态。本学习单元以后，若非特殊说明，各例均为直径编程。

当用半径编程或直径编程时，系统参数中（车床参数）"直径编程/半径编程"要设为"1"或"0"。

4. 小数点输入

在大部分数控机床上，小数点具有特殊的作用，它可以改变坐标尺寸、进给速度和时间的单位。

在通常的小数点输入方式下，不带小数点的值是以数控机床的最小设定单位作为输入单位的，而带小数点的值则以基本单位制单位（公制为 mm，英制为 in，回转轴为 deg）作为输入单位。如对于最小输入单位为 0.001 mm（0.000 1in、0.001deg）的机床，"X10"代表 0.01 mm（0.001in，0.01deg），"X10."则代表 10 mm（10in，10deg）。

在使用小数点输入方式时，不带小数点的值是以基本单位制单位（公制为 mm，英制为 in，回转轴为 deg）作为输入单位，即"X10""X10."都代表 10 mm（或 10in，10deg），而 0.01 必须用"X0.01"指定。

数控机床的小数点输入方式可以通过机床参数进行设定和选择。不带小数点和带小数点的值在程序中可以混用。

为了保证程序的正确性，不论采用何种输入方式，在实际程序编制与输入时,最好对全部输入值都加上小数点进行表示,因为"X10."与"X0.01"分别代表 10 mm 和 0.01 mm 的。

5. 模态指令与非模态指令

(1) 模态指令。具有自保持功能的指令称为模态指令。

为了使编程和输入尽可能简单,大多数 G 指令和 M 指令都具有自保持功能,直到它们被取消,或者被带相同地址(字母)但数值变化的代码取代它为止。

模态指令的内容不变,下一个程序段会自动接收内容,因此称为自保持功能。模态指令在下一程序段中可不编写和不输入计算机。

模态 G 功能是一组可相互注销的 G 功能。这些 G 功能一旦被执行则一直有效,直到被同一组的 G 功能注销为止。

例:N0010　G91　G01　X-10　G20;
　　N0020　Z10;(G91、G01 仍然有效)
　　N0030　G03　X20　Z20　R20;(G03 有效,G01 无效)

(2) 非模态指令。非模态指令是其指令仅在指令的程序段内有效。非模态 G 功能只在所规定的程序段中有效,程序段结束时被注销。

例:N0040　G04　P10;(延时 10 s)
　　N0050　G91　G00　X-10　F200;(X 负向移动 10 mm)

在上例中,N0040 程序段中 G04 是非模态 G 代码,不影响 N0050 程序段中 X 负向移动。

某些模态 G 功能组中包含一个缺省 G 功能,系统上电时将被初始化为该功能。

不同组的 G 代码可以放在同一程序段中,而且与顺序无关。

例:G91　G00　G17　G40　X50　Z50;

6. 坐标平面选择指令(G17、G18、G19)

坐标平面选择指令 G17、G18、G19 分别用来指定程序段中的刀具圆弧插补平面和刀具半径补偿平面。在右手笛卡尔直角坐标系中,三个互相垂直的轴 X、Y、Z 构成三个平面,如图 2-29 所示。G17 表示选择在 XY 平面内加工,G18 表示选择在 XZ 平面内加工,G19 表示选择在 YZ 平面内加工。数控车床默认在 XZ 平面内加工,故 G18 可以省略。

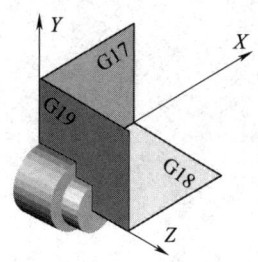

图 2-29　坐标平面指令示意图

【思考与练习】

1. 数控编程的主要内容有哪些?
2. 完整的加工程序由哪几部分构成?请举例说明。

第3单元 数控车床仿真加工

模块1 数控仿真软件介绍

【学习目标】
1. 了解常见数控仿真软件的种类。
2. 掌握常见数控仿真软件的安装方法。
3. 能够完成数控仿真软件基本操作。

一、数控仿真软件简介

计算机数控仿真是应用计算机技术对数控加工操作过程进行模拟仿真的一门技术。该技术面向实际生产过程的机床仿真操作,加工过程三维动态的逼真再现,实现加工运行全环境仿真。数控仿真软件是将CNC数控设备、工作过程CAD/CAM、车削加工方案、系统控制编程等,利用三维模拟技术和大量的图表、数据、解释和习题的方式进行演示和训练。该软件有一整套强大的、富有人性化的教学方法和精彩的习题库,采用数字化3D多媒体教学模式,从基础数控机械设备介绍,到CAD/CAM自动化系统编程,完全采用现代化仿真模拟数字计算机技术。该软件能仿真数控程序的自动运行和MDI运行模式,实现三维工件实时切削,刀具轨迹三维显示,并提供刀具补偿、坐标系设置等系统参数的设定,尤其是切削路线的显示在很大程度上帮助学员对当前程序进行有效的修改，在培养全面熟练掌握数控加工技术的实用型技能人才方面发挥显著作用。

目前，数控仿真软件有宇航、上海宇龙、斯沃等。本书仅以上海宇龙数控仿真软件为例进行介绍。

二、上海宇龙数控仿真软件介绍

上海宇龙数控仿真软件提供车床、立式铣床、卧式加工中心、立式加工中心，控制系统有 FANUC 系统、SIEMENS 系统、三菱系统、大森系统、华中数控系统、广州数控系统等，具有丰富的刀具材料和多种形状的车刀、铣刀，支持用户自定义刀具及相关特征参数。

上海宇龙数控仿真软件实现机床操作全过程仿真，包括毛坯定义、工件装夹、压板安装、基准对刀、安装刀具、机床手动操作等。

上海宇龙数控仿真软件实现全面的碰撞检测。仿真系统中的手动、自动加工等模式下的实时碰撞检测，包括刀柄刀具与夹具、压板、机床等碰撞，也包括机床行程越界及主轴不转时刀柄刀具与工件等的碰撞。通过碰撞检测能实时发现问题并及时对已有的数控程序进行修改。

上海宇龙数控仿真软件实现数控程序处理。数控仿真能够通过DNC 导入各种 CAD/CAM 软件生成的数控程序，如 Masteream、ProE、UG、CAXA 等，也可以导入手工编制的文本格式数控程序，还能够直接通过面板手工编辑、输入输出数控程序，完全模拟了现实机床的数据传输方式。

三、上海宇龙数控仿真软件的安装与进入

1. 软件安装

将"数控加工仿真系统"的安装光盘放入光驱中。

第3单元 数控车床仿真加工

在"资源管理器"中,点击"光盘",在显示的文件夹目录中点击"数控加工仿真系统5.1"文件夹。

选择适当的文件夹后,点击打开。在显示的文件名目录中双击 ![icon],系统弹出如图3-1所示的安装向导界面。

在系统接着弹出的欢迎界面中点击"下一步"按钮,如图3-2所示。

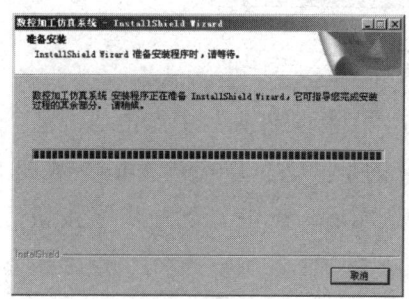

图3-1 安装向导界面

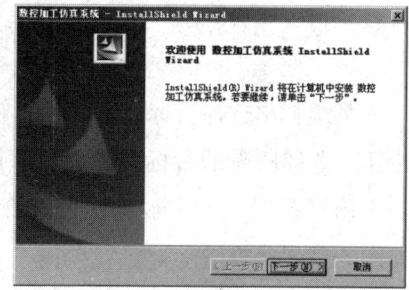

图3-2 欢迎界面

进入选择安装类型界面,选择"教师机"或"学生机",如图3-3所示。

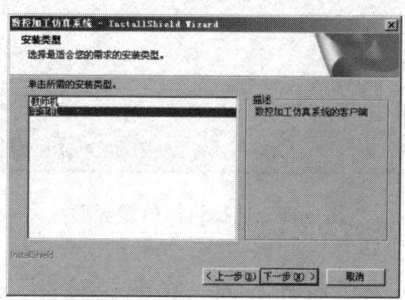

图3-3 选择安装类型

在系统接着弹出的软件许可证协议界面中选择"我接受许可证协议中的条款"选项,如图3-4所示。

·87·

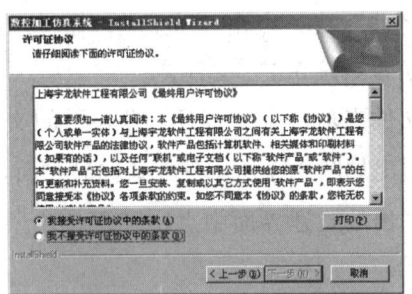

图 3-4 许可证协议

系统弹出选择目标位置界面,在"目标文件夹"中点击"浏览"按钮,选择所需的目标文件夹,默认的是"C:\Program Files\数控加工仿真系统"。目标文件夹选择完成后,点击"下一步"按钮,如图 3-5 所示。

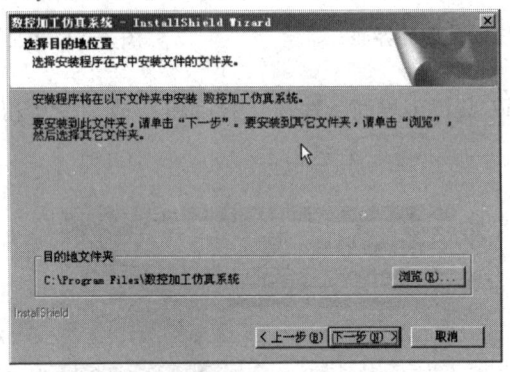

图 3-5 选择目标位置界面

系统进入可以安装程序界面,点击"安装"按钮,如图 3-6 所示。

此时弹出数控加工仿真系统安装界面,如图 3-7 所示。

安装完成后,系统弹出"问题"对话框,询问是否在桌面上创建快捷方式,如图 3-8 所示。

第3单元 数控车床仿真加工

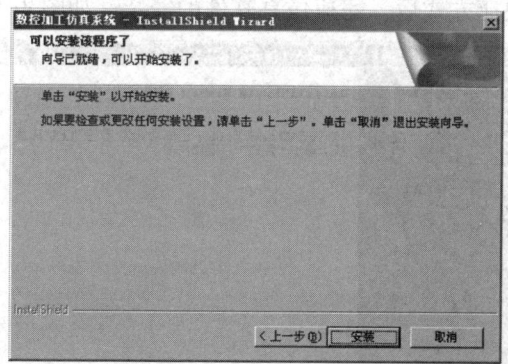

图 3-6 安装程序界面

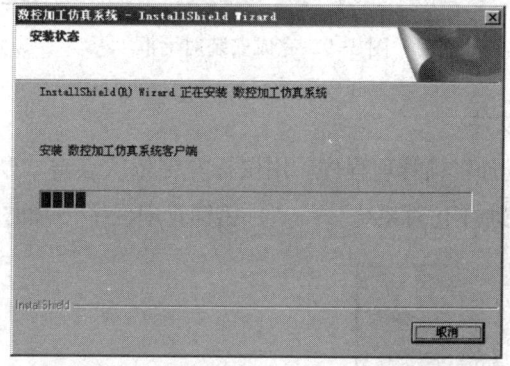

图 3-7 数控加工仿真系统安装界面

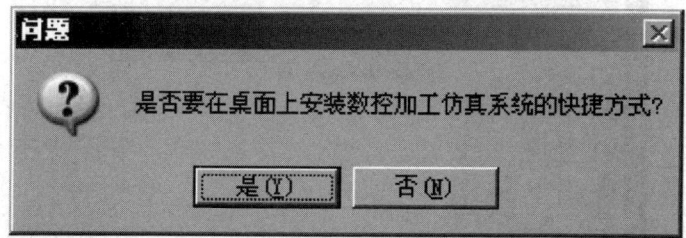

图 3-8 询问对话框

创建完快捷方式后，完成仿真软件的安装，如图3-9所示。

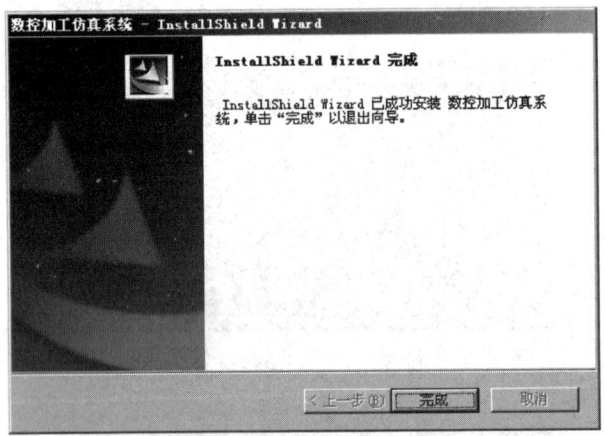

图3-9　完成安装对话框

2. 进入软件

（1）启动加密锁管理程序。用鼠标左键依次点击"开始"—"程序"—"数控加工仿真系统"—"加密锁管理程序"，如图3-10所示。

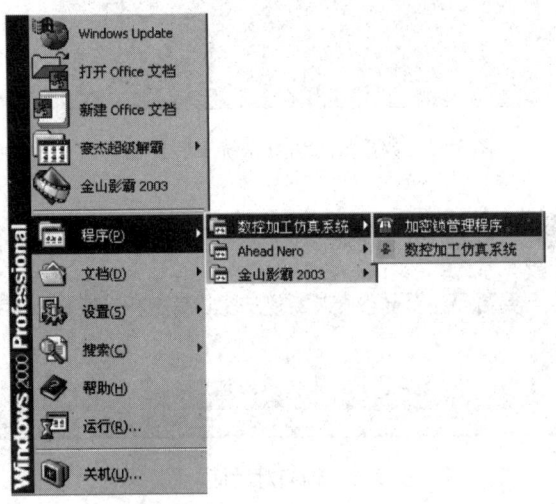

图3-10　加密锁管理程序开启方式

加密锁管理程序启动后,屏幕右下方的工具栏中将出现"▣"图标。

(2)运行数控加工仿真系统。依次点击"开始"—"程序"—"数控加工仿真系统"—"数控加工仿真系统",系统将弹出如图 3-11 所示用户登录界面。此时,可以通过点击"快速登录"按钮进入数控加工仿真系统的操作界面,或通过输入用户名和密码,再点击"确定"按钮进入数控加工仿真系统。

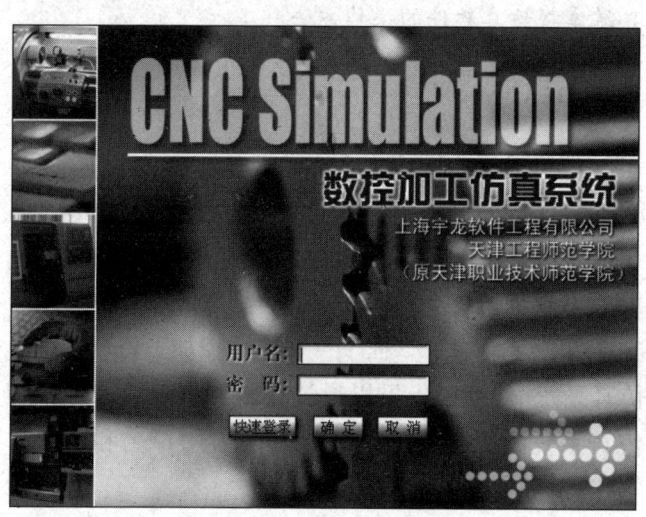

图 3-11 用户登录界面

在局域网内使用本软件时,必须按上述方法先在教师机上启动"加密锁管理程序",等到教师机屏幕右下方的工具栏中出现"▣"图标后,才可以在学生机上依次点击"开始"—"程序"—"数控加工仿真系统"—"数控加工仿真系统"登录到软件的操作界面。

模块2　数控仿真软件的应用

【学习目标】

1. 了解上海宇龙数控仿真软件FANUC系统的操作界面和主要功能。
2. 学习简单的程序及辅助指令。
3. 熟练掌握仿真软件的操作方法。

一、运行软件

1. 启动加密锁管理程序

用鼠标左键依次点击"开始"—"程序"—"数控加工仿真系统"—"加密锁管理程序"。

2. 运行数控加工仿真系统

依次点击"开始"—"程序"—"数控加工仿真系统"—"数控加工仿真系统"。此时，可以通过点击"快速登录"按钮进入数控加工仿真系统的操作界面，或通过输入用户名和密码，再点击"确定"按钮进入数控加工仿真系统。

二、选择机床类型

打开菜单"机床/选择机床"，在"选择机床"对话框中选择控制系统和相应的"机床类型"，并按"确定"按钮，此时界面如图3-12所示。

三、车床面板按键功能介绍

本书将以FANUC Oi系统车床标准面板（见图3-13）为例，介绍操作面板中常用按钮的名称及主要功能，见表3-1。

第 3 单元　数控车床仿真加工

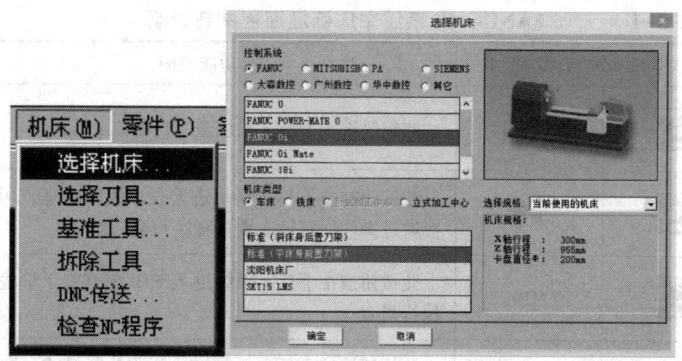

图 3-12　选择机床界面

> 🔍 **小知识**
>
> FANUC 系统是常见的数控机床控制系统，其操作面板简洁易懂。FANUC 公司创建于 1956 年，中文名称发那科，是当今世界上数控系统科研、设计、制造、销售实力强大的企业。

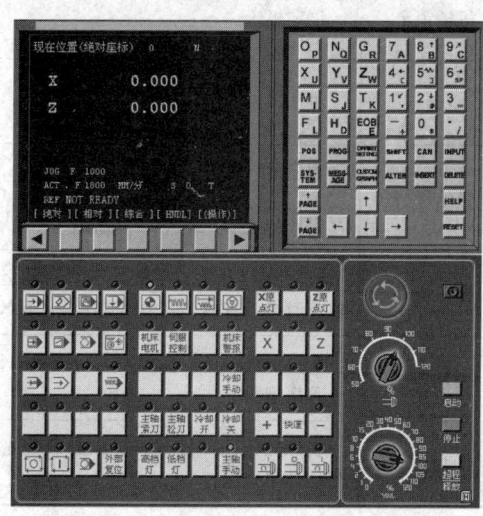

图 3-13　FANUC 0i 系统车床标准面板

表 3-1　　FANUC 0i 系统车床标准面板按钮说明

按钮	名称	功能说明
	自动运行	此按钮被按下后，系统进入自动加工模式
	编辑	此按钮被按下后，系统进入程序编辑状态，用于直接通过操作面板输入数控程序和编辑程序
	MDI	此按钮被按下后，系统进入 MDI 模式，手动输入并执行指令
	远程执行	此按钮被按下后，系统进入远程执行模式，即 DNC 模式，输入/输出资料
	单节	此按钮被按下后，运行程序时每次执行一条数控指令
	单节跳过	此按钮被按下后，数控程序中的注释符号"/"有效
	选择性停止	此按钮被按下后，"M01"代码有效
	机械锁定	锁定机床
	空运行	机床进入空运行状态
	进给保持	程序运行暂停。在程序运行过程中，按下此按钮运行暂停，按"循环启动" 恢复运行
	循环启动	程序运行开始。系统处于"自动运行"或"MDI"状态时按下有效，其他模式下使用无效
	循环停止	程序运行停止。在程序运行过程中，按下此按钮停止程序运行
	回原点	机床处于回零模式。机床必须首先执行回零操作，然后才可以运行

第 3 单元　数控车床仿真加工

续表

按钮	名称	功能说明
	手动	机床处于手动模式，可以手动连续移动
	手动脉冲	手动脉冲/增量进给
	手动脉冲	手动脉冲/手轮
	X 轴选择按钮	在手动状态下，按下该按钮则机床移动 X 轴
	Z 轴选择按钮	在手动状态下，按下该按钮则机床移动 Z 轴
	正方向移动按钮	在手动状态下，按下该按钮系统将向所选轴正向移动。在回零状态时，按下该按钮将所选轴回零
	负方向移动按钮	在手动状态下，按下该按钮系统将向所选轴负向移动
	快速按钮	按下该按钮，机床处于手动快速状态
	主轴倍率选择旋钮	将光标移至此旋钮上后，通过点击鼠标的左键或右键来调节主轴旋转倍率
	进给倍率	调节主轴运行时的刀具进给速度倍率
	急停按钮	按下急停按钮，使机床移动立即停止，并且所有的输出如主轴的转动等都会关闭
	超程释放	系统超程释放

· 95 ·

续表

按钮	名称	功能说明
	主轴控制按钮	从左至右分别为正转、停止、反转
	手轮显示按钮	按下此按钮,则可以显示出手轮面板
	手轮面板	按下 按钮将显示该面板
	手轮轴选择旋钮	手轮模式下,将光标移至此旋钮上后,通过点击鼠标的左键或右键来选择进给轴
	手轮进给倍率旋钮	手轮模式下将光标移至此旋钮上后,通过点击鼠标的左键或右键来调节手轮步长。×1、×10、×100 分别代表移动量为 0.001 mm、0.01 mm、0.1 mm
	手轮	将光标移至此旋钮上后,通过点击鼠标的左键或右键来转动手轮
	启动	启动控制系统
	关闭	关闭控制系统

四、车床准备

1. 激活车床

点击"启动"按钮 ,此时车床电动机和伺服控制的指示灯变亮。

检查"急停"按钮 是否至松开状态,若未松开,点击"急停"按钮 将其松开。

2. 车床回原点

检查操作面板上回原点指示灯 是否亮,若指示灯亮,则已进入回原点模式;若指示灯不亮,则点击"回原点"按钮 转入回原点模式。

在回原点模式下,先将 X 轴回原点。点击操作面板上的"X 轴选择"按钮 ,使 X 轴方向移动指示灯 变亮,点击"正方向移动"按钮 ,此时 X 轴将回原点,X 轴回原点指示灯 变亮,CRT 上的 X 坐标变为"600.000"。同样,再点击"Z 轴选择"按钮 使指示灯变亮,点击 ,Z 轴将回原点,Z 轴回原点指示灯变亮,此时 CRT 界面如图 3-14 所示。

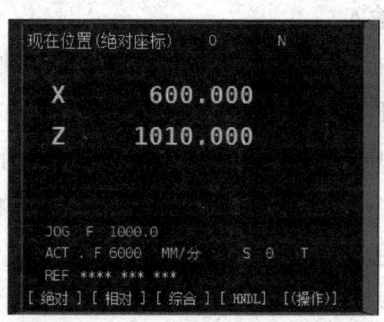

图 3-14 机床回原点之后的坐标值图

五、定义毛坯

打开菜单"零件/定义毛坯"或在工具条上选择" ",系统打开如图 3-15 所示对话框。

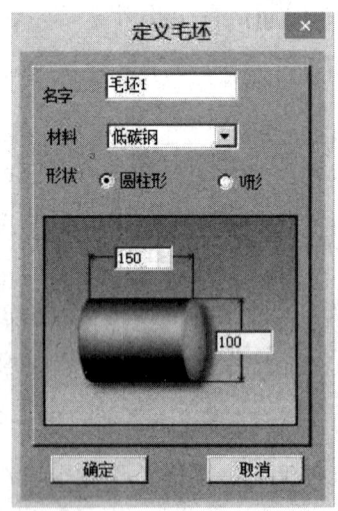

图 3-15 圆柱形毛坯定义

1. 毛坯名字输入

在毛坯名字输入框内输入毛坯名,也可使用缺省值。

2. 选择毛坯形状

铣床、加工中心有两种形状的毛坯供选择:长方形毛坯和圆柱形毛坯。可以在"形状"下拉列表中选择毛坯形状。车床可提供圆柱形毛坯和 U 形毛坯。

3. 选择毛坯材料

毛坯材料列表框中提供了多种供加工的毛坯材料,可根据需要在"材料"下拉列表中选择毛坯材料。

4. 参数输入

尺寸输入框用于输入尺寸,单位为 mm。

5. 保存退出

按"确定"按钮,保存定义的毛坯并且退出本操作。

6. 取消退出

按"取消"按钮，退出本操作。

六、选择刀具

打开菜单"机床/选择刀具"或者在工具条中选择"🔧"，系统弹出刀具选择对话框，进行刀具的选择与安装。

系统中数控车床允许同时安装 8 把刀具（后置刀架）或者 4 把刀具（前置刀架），对话框如图 3-16 所示。

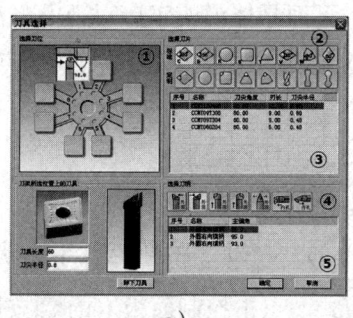 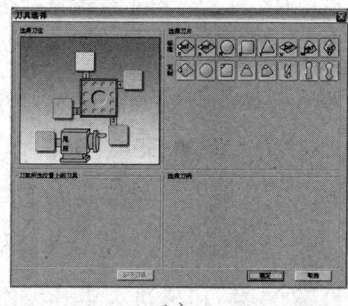

　　　　　a)　　　　　　　　　　　　　　b)

图 3-16　车刀选择对话框

a）8 工位后置刀架　b）4 工位前置刀架

1. 选择、安装车刀

（1）在刀架图中点击所需的刀位。该刀位对应程序中的 T01～T08（T04）。

（2）选择刀片类型。

（3）在刀片列表框中选择刀片。

（4）选择刀柄类型。

（5）在刀柄列表框中选择刀柄。

2. 变更刀具长度和刀尖半径

"选择车刀"完成后，该界面的左下部位显示出刀架所选位置上的刀具。其中显示的"刀具长度"和"刀尖半径"均可以由操作者修改。

3. 拆除刀具

在刀架图中点击要拆除刀具的刀位，点击"卸下刀具"按钮。

4. 确认操作完成

点击"确认"按钮。

七、对刀

数控程序一般按工件坐标系编程，对刀的过程就是建立工件坐标系与机床坐标系之间关系的过程。下面具体说明车床对刀的方法，其中将工件右端面中心点设为工件坐标系原点。将工件上其他点设为工件坐标系原点的方法与对刀方法类似。

1. 试切法设置 G54~G59

测量工件原点，直接输入工件坐标系 G54~G59。

（1）切削外圆。点击操作面板上的"手动"按钮▦，手动状态指示灯▦变亮，机床进入手动操作模式。点击控制面板上的 X 按钮，使 X 轴方向移动指示灯变亮 X，点击 + 或 - ，使机床在 X 轴方向移动。同样使机床在 Z 轴方向移动。通过手动方式将机床移到如图 3-17 所示的大致位置。

点击操作面板上的▦或▦按钮，使其指示灯变亮，主轴转动。再点击按钮 Z，使 Z 轴方向指示灯 Z 变亮，点击 - ，用所选刀具来试切工件外圆，如图 3-18 所示。然后按 + 按钮，X 方向保持不动，刀具退出。

（2）测量切削位置的直径。点击操作面板上的▦按钮，使主轴停止转动，点击菜单"测量/坐标测量"。如图 3-19 所示，点击试切外圆时所切线段，选中的线段由红色变为黄色，记录下半部对话框中对应的 X 值（即直径值）。

第 3 单元　数控车床仿真加工

图 3-17　切削外圆

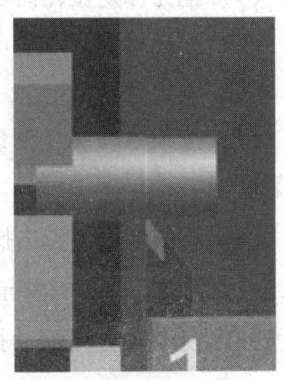
图 3-18　试切外圆

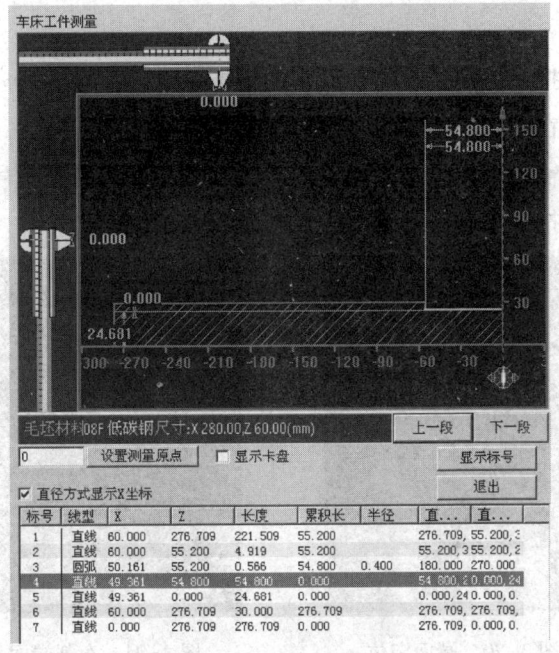
图 3-19　仿真软件测量结果

（3）按下控制箱键盘上的 ![OFFSET SETTING] 键。

（4）把光标定位在需要设定的坐标系上。

（5）光标移到 X 项。

（6）输入直径值。

（7）按菜单软键［测量］；通过按软键［操作］，可以进入相应的菜单。

（8）切削端面。点击操作面板上的 ![图标] 或 ![图标] 按钮，使其指示灯变亮，主轴转动。将刀具移至如图 3-20 所示位置，点击控制面板上的 ![X] 按钮，使 X 轴方向移动指示灯 ![x] 变亮，点击 ![-] 按钮，切削工件端面，如图 3-21 所示。然后按 ![+] 按钮，Z 方向保持不动，刀具退出。

（9）点击操作面板上的"主轴停止"按钮 ![图标]，使主轴停止转动。

（10）把光标定位在需要设定的坐标系上。

（11）在 MDI 键盘面板上按下需要设定的"Z"键。

（12）输入工件坐标系原点的距离（注意距离有正负号）。

（13）按菜单软键［测量］，自动计算出坐标值。

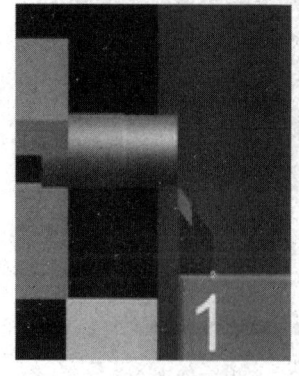
图 3-20　端面定位

图 3-21　车削端面

2. 测量、输入刀具偏移量

使用这个方法对刀,在程序中直接将机床坐标系原点作为工件坐标系原点。

用所选刀具试切工件外圆,点击"主轴停止"按钮,使主轴停止转动,点击菜单"测量/坐标测量",得到试切后的工件直径,记为 α。

保持 X 轴方向不动,刀具退出。点击 MDI 键盘上的键,进入形状补偿参数设定界面(见图 3-22),将光标移到与刀位号相对应的位置,输入"Xα",按菜单软键[测量](见图 3-23),对应的刀具偏移量自动输入。

试切工件端面,把端面在工件坐标系中的 Z 坐标值记为 β(此处以工件端面中心点为工件坐标系原点,则 β 为 0)。

保持 Z 轴方向不动,刀具退出。进入形状补偿参数设定界面,将光标移到相应的位置,输入"Zβ",按[测量]软键(见图 3-23),对应的刀具偏移量自动输入。

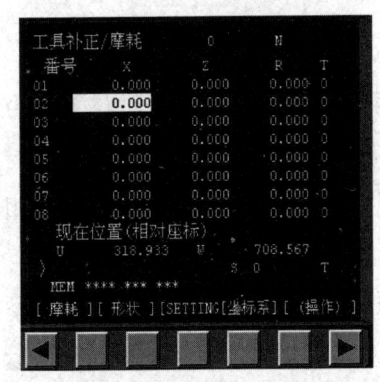

图 3-22 形状补偿参数设定界面

图 3-23 刀具偏移量自动输入界面

3. 设置偏置值完成多把刀具对刀

(1) 多把刀具对刀方法一。选择一把刀为标准刀具，采用试切法或自动设置坐标系法完成对刀；把工件坐标系原点放入 G54～G59，然后通过设置偏置值完成其他刀具的对刀。下面介绍刀具偏置值的获取办法。

点击 MDI 键盘上的 ▆ 键和 [相对] 软键，进入相对坐标显示界面，如图 3-24 所示。

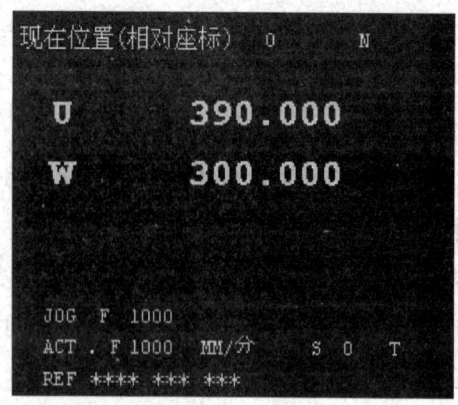

图 3-24 相对坐标界面

用选定的标准刀具试切工件端面，将刀具当前的 Z 轴位置设为相对零点（设零前不得有 Z 轴位移）。依次点击 MDI 键盘上的 ▆—▆—▆ 输入 "W0"，按软键 [预定]，则将 Z 轴当前坐标值设为相对坐标原点。

用标准刀具试切工件外圆，将刀具当前 X 轴的位置设为相对零点（设零前不得有 X 轴位移）。依次点击 MDI 键盘上的 ▆—▆—▆，输入 "U0"，按软键 [预定]，则将 X 轴当前坐标值设为相对坐标原点。此时 CRT 界面如图 3-25 所示。

换刀后，移动刀具使刀尖分别与标准刀具切削过的表面接触，接触时显示的相对值，即为该刀具相对于标准刀具的偏置值 ΔX、ΔZ（为保证刀具准确移到工件的基准点上，可采用手动脉冲进给方式）。此时 CRT 界面如图 3-26 所示，所显示的值即为偏置值。

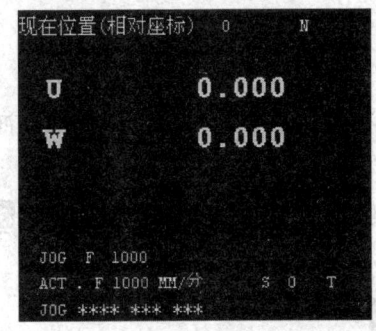
图 3-25　相对坐标原点

图 3-26　刀具偏置值

将偏置值输入到磨耗参数补偿表或形状参数补偿表内。

MDI 键盘上的 ⬛ 键用来切换字母键。如 ⬛ 键，直接按下输入的为"X"，按 ⬛ 键再按 ⬛ 键，输入的为"U"。

（2）多把刀具对刀方法二。分别对每一把刀具测量、输入刀具偏移量。

八、手动操作

1. 手动/连续方式

（1）点击操作面板上的"手动"按钮 ⬛，使其指示灯亮，机床进入手动模式。

（2）分别点击 ⬛、⬛ 键，选择移动的坐标轴。

（3）分别点击 ⬛、⬛ 键，控制机床的移动方向。

（4）点击 ⬛⬛⬛ 控制主轴的转动和停止。

刀具切削工件时，主轴需转动。加工过程中刀具与工件发生非正常碰撞后（非正常碰撞包括车刀的刀柄与工件发生碰撞，车刀与夹具发生碰撞等），系统弹出警告对话框，同时主轴自动停止转动，调整到适当位置，继续加工时需再次点击 [图标][图标] 按钮，使主轴重新转动。

2. **手动脉冲方式**

在手动/连续方式或在对刀、需精确调节机床时，可用手动脉冲方式调节机床。

（1）点击操作面板上的"手动脉冲"按钮[图标]或[图标]，使指示灯[图标]变亮。

（2）点击按钮[图标]，显示手轮[图标]。

（3）鼠标对准"手轮轴选择"旋钮[图标]，点击左键或右键，选择坐标轴。

（4）鼠标对准"手轮进给倍率"旋钮[图标]，点击左键或右键，选择合适的脉冲当量。

（5）鼠标对准手轮[图标]，点击左键或右键，精确控制机床的移动。

（6）点击[图标][图标][图标]控制主轴的转动和停止。

（7）点击[图标]，可隐藏手轮。

九、自动加工方式

1. **自动/连续方式**

（1）检查机床是否回零。若未回零，先将机床回零。

（2）导入数控程序或自行编写一段程序。

（3）点击操作面板上的"自动运行"按钮[图标]，使其指示灯变亮。

（4）点击操作面板上的"循环启动"按钮[图标]，程序开始执行。

(5) 中断运行。数控程序在运行过程中可根据需要暂停、急停和重新运行。

1) 数控程序在运行时，按"进给保持"按钮 ⬛，程序停止执行；再点击"循环启动"按钮 ⬛，程序从暂停位置开始执行。

2) 数控程序在运行时，按下"急停"按钮 ⬛，数控程序中断运行；继续运行时，先将"急停"按钮松开，再按"循环启动"按钮，余下的数控程序从中断行开始作为一个独立的程序执行。

2. 自动/单段方式

(1) 检查机床是否机床回零。若未回零，先将机床回零（回参考点）。

(2) 导入数控程序或自行编写一段程序。

(3) 点击操作面板上的"自动运行"按钮 ⬛，使其指示灯变亮。

(4) 点击操作面板上的"单节"按钮 ⬛。

(5) 点击操作面板上的"循环启动"按钮 ⬛，程序开始执行。单段方式执行每一行程序均需点击一次"循环启动" ⬛ 按钮。

点击"单节跳过"按钮 ⬛，则程序运行时跳过符号"/"有效，该行成为注释行，不执行。

(6) 点击"选择性停止"按钮 ⬛，则程序中 M01 有效。

可以通过"主轴倍率选择"旋钮 ⬛ 和"进给倍率"旋钮 ⬛ 来调节主轴旋转速度和刀具进给速度。

(7) 按 ⬛ 键可将程序重置。

3. 检查运行轨迹

NC 程序导入后，可检查运行轨迹。

点击操作面板上的"自动运行"按钮 ⬛，使其指示灯变亮，转入自动加工模式。点击 MDI 键盘上的 [PROG] 按钮,点击数字/字母键,输入"Ox"(x 为所需要检查运行轨迹的数控程序号),按 [↓] 开始搜索,找到后程序显示在 CRT 界面上。点击 [CUSTOM GRAPH] 按钮,进入检查运行轨迹模式,点击操作面板上的"循环启动"按钮 [Ⅰ],即可观察数控程序的运行轨迹,此时也可通过"视图"菜单中的动态旋转、动态缩放、动态平移等方式对三维运行轨迹进行全方位的动态观察。

【例 3-1】

1. 工作任务

应用数控加工仿真软件,选择 FANUC 系统,定义 $\phi30$ mm× 50 mm 的毛坯,并用手轮和点动功能完成如图 3-27 所示零件的加工。

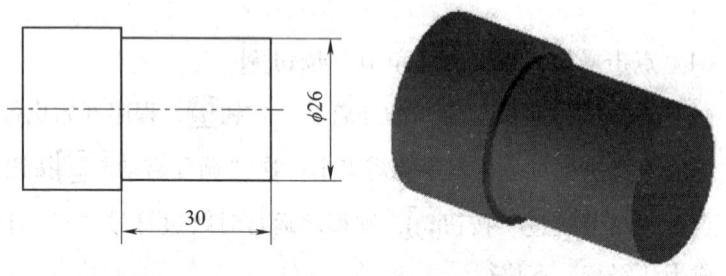

图 3-27 仿真软件操作练习零件

2. 任务实施

(1) 登录系统。单击桌面上的"数控加工仿真系统"图标,弹出如图 3-28 所示用户登录界面。

(2) 选择机床。单击"机床"菜单中的"选择机床"项,弹出"选择机床"对话框(见图 3-29),依次选择"FANUC、FANUC O、车床、标准(斜床身后置刀架)",单击"确定"。

第3单元 数控车床仿真加工

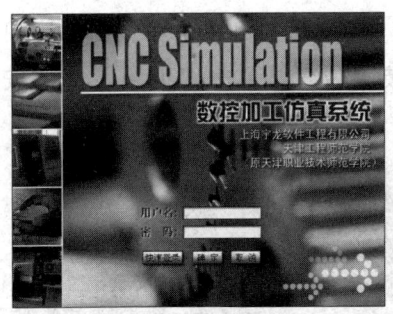
图3-28 用户登录界面

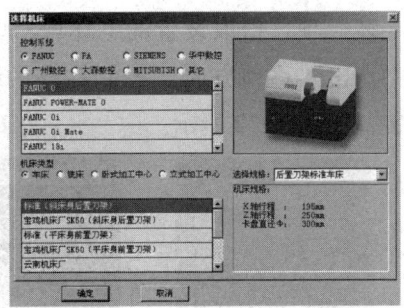
图3-29 选择机床对话框

（3）选择刀具。单击"刀具选择"项，弹出"刀具选择"对话框，根据加工需要依次选择"刀位、刀片、刀具长度及刀尖半径、刀柄和主偏角"。选择成功后，所在刀位上的空白处会出现所选刀具的示意图，如图3-30所示。

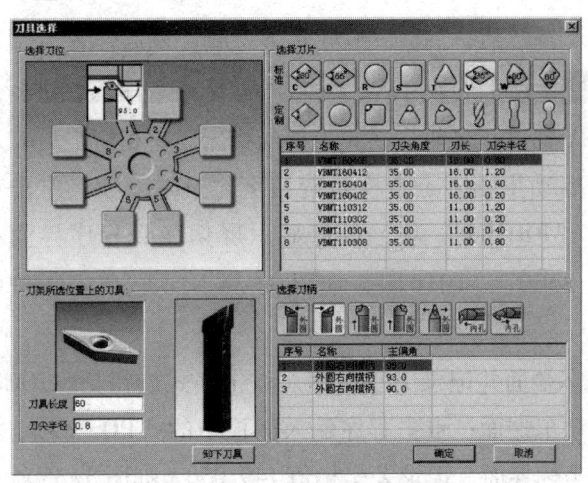
图3-30 刀具选择对话框

（4）定义和安装毛坯。单击"定义毛坯"项，在毛坯长度和直径位置分别输入50和30（见图3-31），单击"确定"。单击"安装毛坯"项，拾取设置的毛坯项，单击"放置零件"；在弹出的窗口中点击"移动方向"控制毛坯的装夹位置，单击"退出"完成安装，如图 3-32 所示。

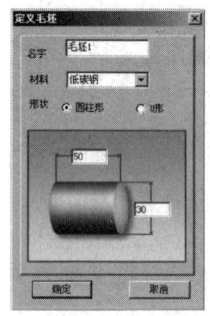

图 3-31　定义毛坯

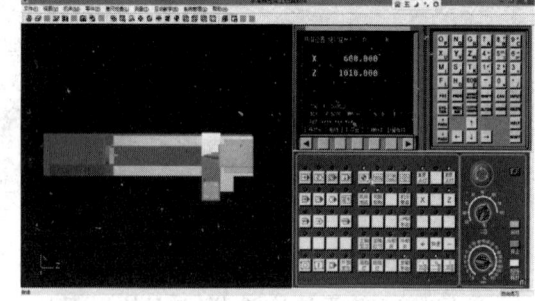

图 3-32　安装毛坯

（5）机床回零。如图 3-33 所示，点击模式按钮，先选择 X 方向并按下 按钮，当指示灯亮了之后，再选择 Z 方向并按下 按钮，当指示灯亮了之后，表示回零结束。注意在进行回零操作时要先回 X 轴再回 Z 轴，防止刀架与机床尾座相撞。

（6）启动主轴。点击模式旋钮至"MDI"项；单击程序输入面板中的"PRGRM"项，机床显示屏切换到程序界面；分别输入"M04 S300""T0101"，如图 3-34 所示；单击按钮，启动主轴。

（7）车端面并记录 Z 坐标值。点击模式旋钮至"JOG"项，控制刀具移动车端面；点击程序输入面板中的"POS"项，机床显示屏切换到坐标界面，记录 Z 坐标值 149.050，如图 3-35 所示。

（8）控制 Z 坐标值并记录 X 坐标值。点击模式旋钮至"STEP"项，通过手轮方式车削外圆，精确控制刀具 Z 向切削至 119.500 坐标值后，沿轴向退回；查看并记录此时的 X 坐标值 237.050，如图 3-36 所示。主轴停转，点击"测量"菜单中的"剖面图测量"项，在弹出的菜单中拾取要测量的轮廓（见图 3-37），确认其长度属性，记录 X 值为 27.783。

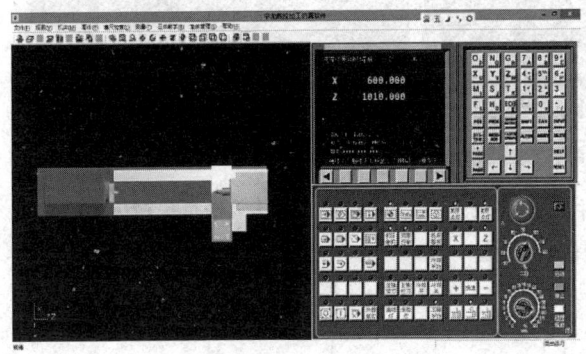
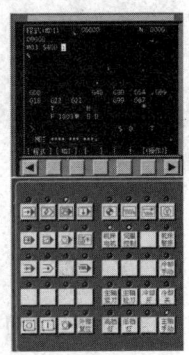

图 3-33　机床回零　　　　　　　图 3-34　启动主轴

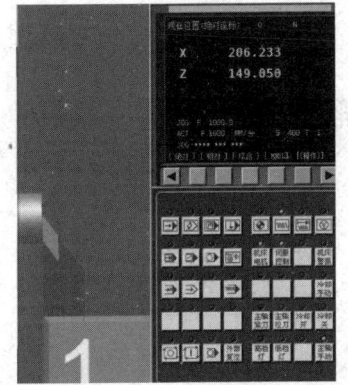
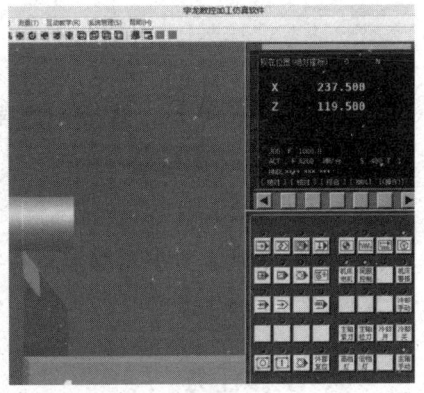

图 3-35　车端面记录 Z 坐标值　　图 3-36　车外圆记录 X 坐标值

（9）控制 X 坐标值并确认尺寸。用手轮方式精确控制刀具 X 向移动至 192.684 坐标值后，沿轴向切削 Z 坐标值 60.616 并返回；点击"剖面图测量"项，在弹出的菜单中再次拾取要测量的直线（见图 3-38），确认其直径和长度尺寸。

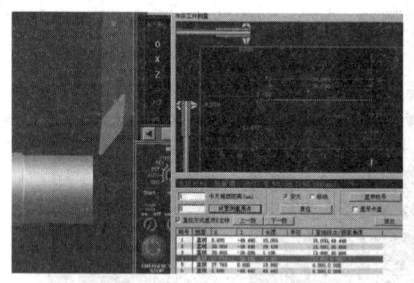 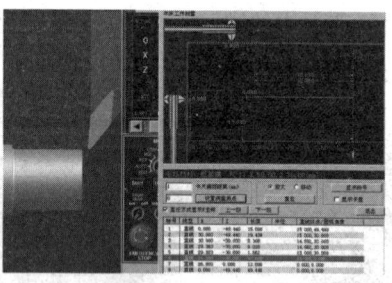

图 3-37　确认工件长度尺寸，记录 X 值　　图 3-38　确认工件直径和长度尺寸

【思考与练习】

1. 检查零件运行轨迹的操作步骤有哪些？
2. 简述试切对刀的操作步骤。

模块 3　数控仿真软件加工实例

【学习目标】

1. 熟练掌握上海宇龙数控仿真软件的使用方法。
2. 应用上海宇龙数控仿真软件完成典型零件的仿真加工。

一、工作任务

图 3-39 所示零件，要求加工零件的外形，已知毛坯直径为 35 mm，长度为 120 mm，1 号刀，X 方向的精加工余量为 0.5 mm，试编写其复合循环程序。

1. 零件工艺分析

（1）技术要求分析。如图 3-39 所示，零件包括圆柱面、圆弧面、切断等加工。

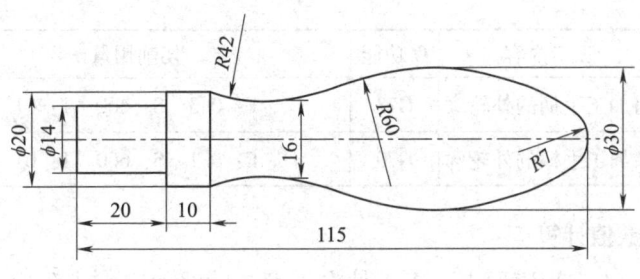

图 3-39 手柄

(2) 确定装夹方案、定位基准、加工起点、换刀点。由于毛坯为棒料,用三爪自定心卡盘夹紧定位。为了加工思路清晰,加工起点定在毛坯边缘,换刀点定在(100,100)位置。

(3) 制定加工方案,确定各刀具及切削用量。加工刀具见表3-2,加工方案见表3-3。

表 3-2 刀具卡

实训课题		单一固定循环指令		零件名称	台阶轴	零件图号	图 3-39
序号	刀具号	刀具名称及规格	刀尖半径	数量	加工表面		备注
1	T0101	粗、精车外圆刀	0.8 mm	1	外圆、圆弧、端面		
2	T0202	切断刀(刀宽3 mm)	0	1	切断		

表 3-3 工序卡

材料	塑料	零件图号	图 3-39	系统	FANUC	工序号	041
工步	工步内容		G 功能	切削用量			
准备	夹住棒料一端,留约 50 mm(手动操作),调用程序 O0460 加工						
1	粗车左端面		G71	F:0.3 S:400 T:01			
2	精车左端面		G70	F:0.1 S:600 T:01			
准备	调头,夹住棒料 φ14 mm 一端,端面与卡盘靠紧,留出 75 mm,手动切断(手动操作),调用程序 O0470 加工						

续表

工步	工步内容	G 功能	切削用量
3	粗加工手柄的外轮廓	G73	F：0.3　S：400　T：01
4	精加工手柄的外轮廓	G70	F：0.1　S：600　T：01

2. 数值计算

（1）设定程序原点，以工件右端面与轴线的交点为程序原点建立工件坐标系。

（2）采用三角形相似的方法计算各节点位置坐标值，解题步骤略。

3. 工件参考程序

工件的参考程序见表3-4。

表3-4　　　　　　参考程序

程序号	O0460	
程序段号	程序内容	说明
N10	M03 S400；	主轴正转，转速 400 r/min
N20	T0101；	换 1 号刀（外圆刀）
N30	G00 X42 Z2；	设定为循环起始点
N40	G71 U2 R1；	G71 复合循环
N50	G71 P60 Q90 U0.5 W0 F0.3；	粗加工循环从 N60 到 N100
N60	G00 X14；	
N70	G01 Z-20 F0.1；	
N80	X20；	
N90	Z-32；	
N100	S600；	转速 600 r/min
N110	G70 P60 Q100；	G70 精加工

续表

程序段号	程序内容	说明
N120	G00 X100 Z100;	快速退刀
N130	M05;	主轴停转
N140	M30;	程序结束

程序号	O0470	
程序段号	程序内容	说明
N10	M03 S400;	主轴正转,转速 400 r/min
N20	T0101;	换 1 号刀（外圆刀）
N30	G00 X42 Z2;	设定为循环起始点
N40	G73 U12 R8;	G73 复合循环
N50	G73 P60 Q100 U0.5 W0 F0.3;	粗加工循环从 N60 到 N100
N60	G42 G00 X0;	
N70	G01 Z0 F0.1;	
N80	G03 X11.883 Z-3.229 R7;	
N90	X21.776 Z-56.888 R60;	
N100	G02 X20 Z-75 R42;	
N110	S600;	转速 600 r/min
N120	G70 P60 Q100;	G70 精加工
N130	G40;	取消刀具半径补偿
N140	G00 X100 Z100;	快速退刀
N150	M05;	主轴停转
N160	M30;	程序结束

二、任务实施

1. 启动上海宇龙数控仿真软件

（1）启动加密锁管理程序。用鼠标左键依次点击"开始"→"程序"→"数控加工仿真系统"→"加密锁管理程序"，如图3-40所示。

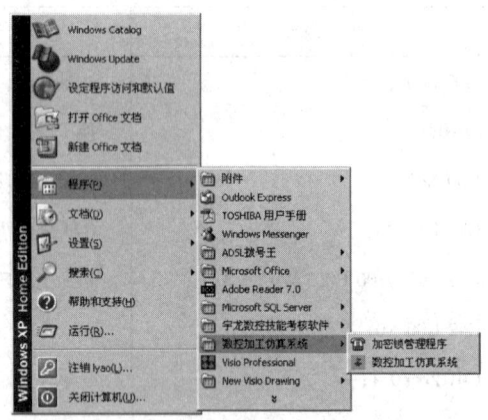

图3-40　启动上海宇龙数控仿真软件

加密锁程序启动后，屏幕右下方的工具栏中将出现" "图标。

（2）双击桌面上的快捷图标 ，或单击"开始"→"程序"→"数控加工仿真系统"项，启动上海宇龙数控仿真软件，单击 按钮。

2. 选择机床

（1）单击"机床"→"选择机床"项（见图3-41），打开"选择机床"对话框，如图3-42所示。

（2）在"控制系统"中选择"FANUC Oi"，在"机床类型"中选择"车床""标准（平床身前置刀架）"，单击"确定"按钮进入系统面板，如图3-43所示。

第 3 单元　数控车床仿真加工

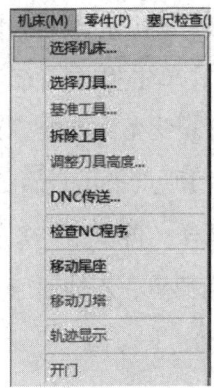
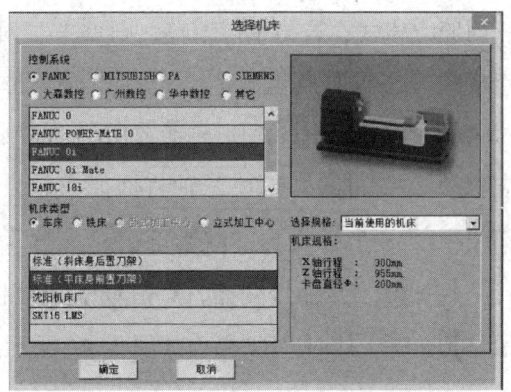

图 3-41　选择机床项　　　　　图 3-42　选择机床对话框

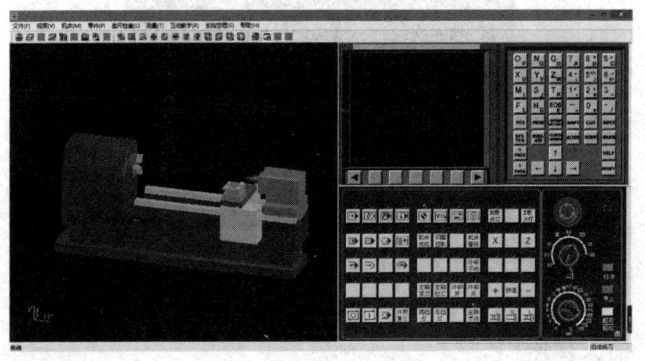

图 3-43　系统面板

3. 激活车床

单击"启动"按钮 ，此时机床电动机和伺服控制的指示灯亮 。

检查"急停"按钮 是否至松开状态。若未松开，单击"急停"按钮 将其松开。

4. 车床回参考点

检查操作面板上回原点指示灯 是否亮，若指示灯亮，则已进

· 117 ·

入回原点模式；若指示灯不亮，则点击"回原点"按钮 转入回原点模式。在回原点模式下，先将 X 轴回原点，单击操作面板上的"X 轴选择"按钮 ，使 X 轴方向移动指示灯 变亮，单击"正方向移动"按钮 ，此时 X 轴将回原点，X 轴回原点指示灯 变亮，CRT 上的 X 坐标变为""。同样，再单击"Z 轴选择"按钮 使按钮灯变亮，点击 ，Z 轴将回原点，Z 轴回原点指示灯 变亮，此时 CRT 界面如图 3-44 所示。

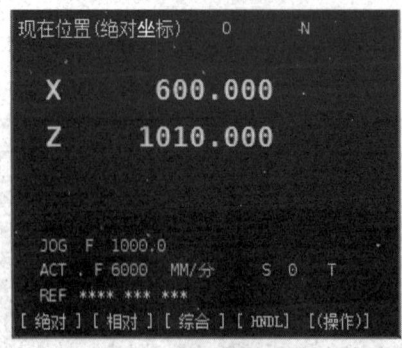

图 3-44 回零

5. 输入程序

（1）单击 ，按 键进入程序编辑状态。

（2）输入"00001"，完成程序名输入操作。

（3）输入程序内容，如图 3-45 所示。

6. 校验程序

在加工之前可以先校验程序编辑是否正确，在图形模拟加工模式下进行走刀轨迹的校验。

（1）选择自动运行模式按钮 。

（2）选择"机床锁定"按钮 和"试运行"按钮 。

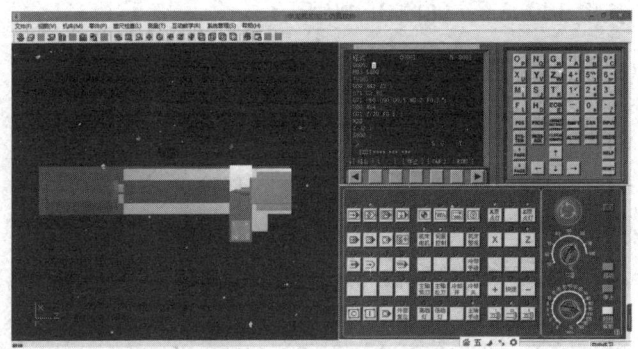

图 3-45　程序输入界面

（3）选择"显示图形"按钮之后，在工具栏中选择"前视图"按钮。

（4）选择"循环启动"按钮，如图 3-46 所示。

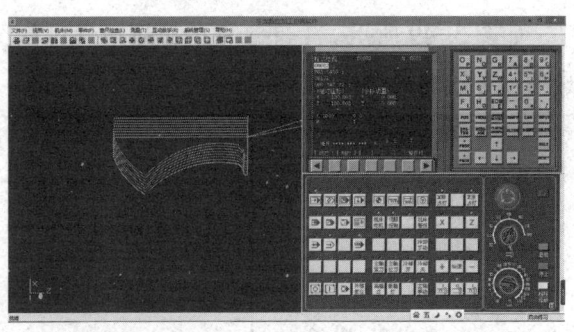

图 3-46　图形校验界面

（5）在自动运行模式下按下"显示图形界面"按钮退出显示图形界面，并松开"机床锁定"按钮和"试运行"按钮。

7. 设定和安装毛坯

（1）单击按钮或单击"零件"项，在下拉菜单中选取"定义毛坯"（见图 3-47），弹出"定义毛坯"对话框，输入毛坯直径

35 mm、长度 120 mm，如图 3-48 所示。

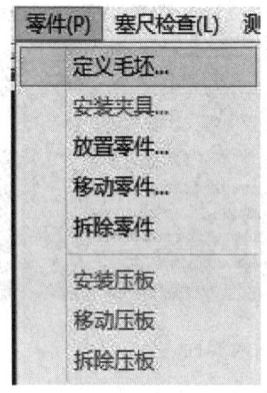 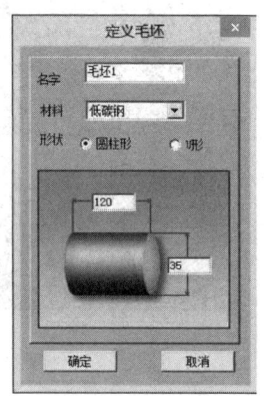

图 3-47　定义毛坯　　　　　图 3-48　定义毛坯尺寸

（2）放置毛坯。单击 ![icon] 或单击"零件"项，在下拉菜单中选取"放置零件"，弹出"选择零件"对话框，选中"毛坯1"，然后单击"安装零件"，如图 3-49 所示。毛坯装夹的位置可通过如图 3-50 所示"移动零件"对话框操作调整。

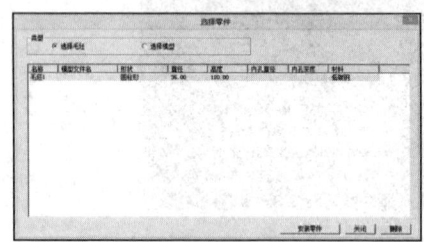 

图 3-49　选择零件对话框　　　图 3-50　移动零件对话框

8. 安装刀具

（1）单击 ![icon] 或单击"机床"项，在下拉菜单中选取"选择刀具"（见图 3-51），弹出"刀具选择"对话框。

（2）根据工艺分析，1 号刀位安装 35°刀尖角、93°主偏角、刀尖半径为 0.8 mm 的外轮廓车刀，如图 3-52 所示。

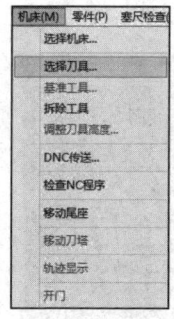
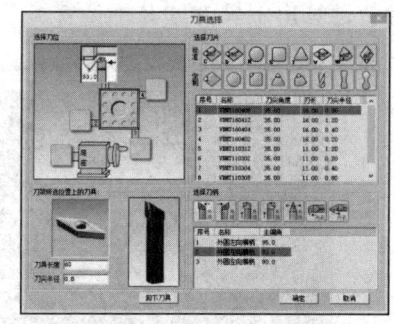

图 3-51 选择刀具　　　　图 3-52 刀具选择对话框

（3）单击"确定"按钮，刀具被安装在指定刀位上，如图 3-53 所示。

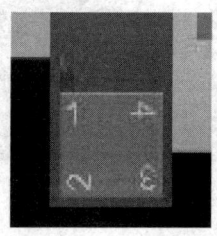

图 3-53 刀具安装示意图

9. 对刀操作

（1）旋转主轴。在 MDI 模式下输入"M03 S400;"，按"循环启动"按钮，如图 3-54 所示。

（2）Z 方向试切对刀。在"手动"方式下移动刀具接近工件，选择"手摇模式"按钮，选择界面右下角"手摇界面"按钮，打开手摇界面，如图 3-55 所示。在手摇模式下车端面，沿径向进刀后要沿径向退刀出工件之外，选择"刀具参数"按钮，显示如图 3-56 所示输入刀具参数界面,在 01 位置输入"Z0",按"测量"键,计算出 1 号刀具 Z 轴位置。

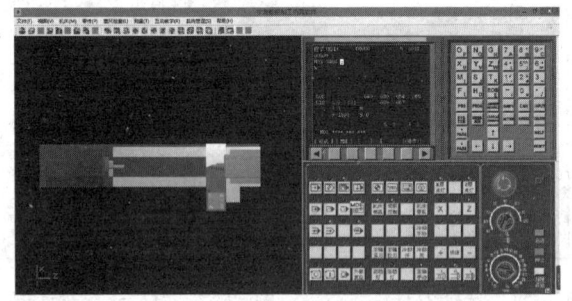

图 3-54 主轴旋转

图 3-55 手摇界面

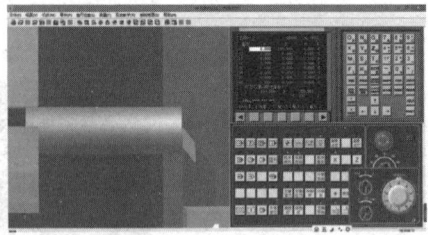

图 3-56 输入刀具参数界面

(3) X 方向试切对刀。在手摇模式下切外圆,然后选择"测量"项中的"剖面图测量"(见图 3-57),单击剖面图中切削部分(见图 3-58),记录 X 数值,输入到刀具参数表中(见图 3-59),然后选择"测量",自动计算出结果。注意刀具沿着轴向进刀切削后一定要沿轴向退刀,不要改变另一个轴的位置。

10. 输入刀尖半径补偿值

在刀具参数表中,将光标调到 R 位置,输入刀尖半径 0.8,然后按"输入"按钮,再将光标调到 T 位置,输入刀位号 3,按"输入"按钮,如图 3-60 所示。

第3单元 数控车床仿真加工

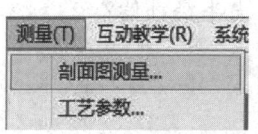
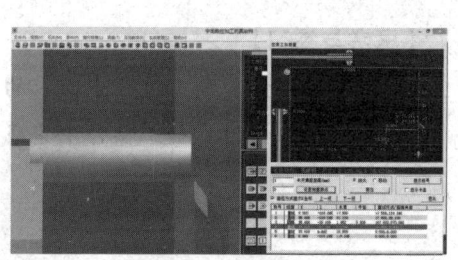

图 3-57 剖面图测量　　　　图3-58 零件测量界面

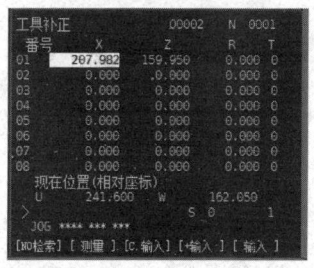
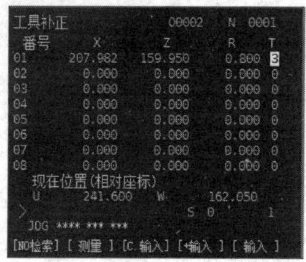

图 3-59 刀具参数表　　　　图 3-60 刀尖半径补偿

11. 运行程序

（1）调出程序。在"编辑"状态下选择"显示程序"模式，调出所用程序，将光标调到程序号位置。

（2）选择"自动运行"模式后按"循环启动"按钮完成零件加工，如图 3-61 所示。

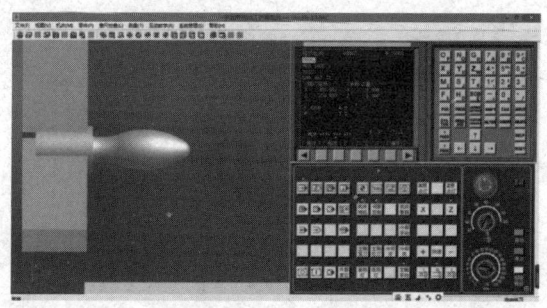

图 3-61 零件加工

【思考与练习】

1. 简述零件仿真加工过程中回零的操作过程。
2. 如何在零件仿真加工操作中完成刀尖半径补偿?

第4单元 数控车床操作、维护与保养

模块1 FANUC Oi Mate-TC 数控车床介绍

【学习目标】

1. 了解数控车床控制面板的结构。
2. 学习数控车床控制面板及 CRT/MDI 面板的按键功能。

FANUC Oi Mate-TC 系统数控车床（见图 4-1）的操作面板主要分为两部分，即 CRT/MDI 面板和用户操作面板，他们是数控系统不可缺少的人机交互设备。

图 4-1 FANUC Oi Mate-TC 系统数控车床

一、FANUC Oi Mate-TC 系统面板

FANUC Oi Mate-TC 系统面板由液晶显示屏和编辑面板构成，主

· 125 ·

要用于程序输入、编辑和一些参数的设定。FANUC Oi Mate-TC 系统 CRT/MDI 面板的界面如图 4-2 所示，编辑面板如图 4-3 所示，具体功能键用途说明见表 4-1。

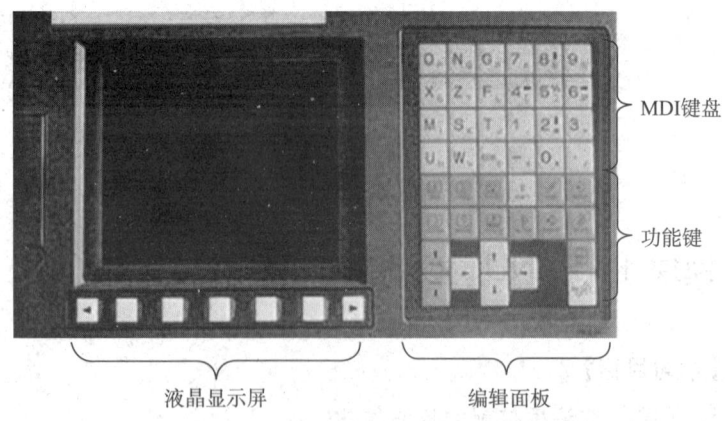

图 4-2　FANUC Oi Mate-TC 系统面板

图 4-3　编辑面板

表 4-1　　　　　　　　　功能键用途说明

名称	功能键图标	功能说明
数字/字母键	O_P N_Q G_R $7_A^\uparrow$ $8_B^\downarrow$ $9_C^\prime$ X_U Y_V Z_W $4_($ $5_)^\%$ $6_{SP}^\ast$ M_I S_J T_K $1_{,}$ $2_\#^\uparrow$ $3_=^\downarrow$ F_L H_D EOB_E $-$ $+$ $0._\ast$ $._/$	用于输入数字或者字母，输入时自动识别所输入的是字母还是数字 其中，EOB_E键为回车换行键，编辑程序时输入";"换行
功能键	POS　PROG　OFFSET SETTING SYSTEM　MESSAGE　CUSTOM GRAPH	POS：切换 CRT 到机床位置界面 PROG：切换 CRT 到程序管理界面 OFFSET SETTING：用于进行刀具补偿数据的显示与设定 SYSTEM：用来显示提示信息 MESSAGE：用来显示提示信息 CUSTOM GRAPH：用来显示图形画面
移位键	SHIFT	某些键的顶部有两个字符，用此键进行选择
取消键	CAN	删除输入区最后一个字符
输入键	INPUT	把输入区域内的数据输入参数页面或者输入一个外部的数控程序
编辑键	ALERT　INSERT　DELETE 替换键　插入键　删除键	ALERT：编辑程序时修改光标块内容 INSERT：编辑程序时输入内容 DELETE：编辑程序时删除光标块程序内容，或者删除程序
翻页键	↑PAGE ↓PAGE	使屏幕向前或向后翻一页，在检查程序时使用

续表

名称	功能键图标	功能说明
光标移动键	← ↑ → ↓	控制光标在操作区上下、左右移动，在修改程序或参数时使用
帮助键	HELP	显示如何操作机床，可在 CNC 发生报警时提供报警信息
复位键	RESET	用来对 CNC 进行复位，或清除报警信息

二、用户操作面板

用户操作面板用于对机床进行手动控制，完成对刀、加工过程控制等功能。对于用户操作面板，由于生产厂家不同而有所不同，主要是按键或旋钮的设置有所不同，但功能上差异不大，如图 4-4 所示。

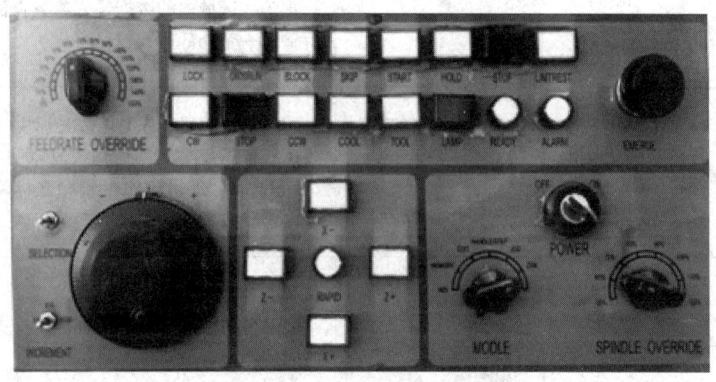

图 4-4 用户操作面板

1. MODLE 功能选择旋钮

（1）MDI 方式，即手动数据输入方式。一般情况下，MDI 方式用来进行单段的程序控制，只针对一段程序编程，不需要编写程序号和程序段号，并且程序一旦执行完毕就不在内存中驻留。它通过用户操作面板上的 START 和 STOP 来控制。

（2）MEMORY 方式，即自动运行方式。编辑后的程序可以在这个方式下执行，同时在空运行状态下可以检验程序格式的正确性和走刀轨迹的正确性。

（3）EDIT 方式，即程序编辑方式。程序的存储和编辑都必须在这个方式下执行。

（4）HANDLE/STEP 方式，即手摇脉冲/增量进给方式。在这个方式下通过控制手轮顺/逆时针旋转、"X"与"Z"方向控制和"×1""×10""×100"脉冲倍率选择来完成精确移动控制。其中，脉冲倍率的单位是 0.001 mm。

（5）JOG 方式，即手动进给方式。在手动进给方式下，通过选择用户操作面板上的方向键"+X""-X""+Z""-Z"，刀架能够沿所选方向连续进给，可通过进给倍率（FEEDRATE OVERRIDE）旋钮来控制进给速度。

（6）ZRN 方式，即回零（返回参考点）方式。数控车床开机后，只有回零（返回参考点）以后才能运行程序，所以要养成一开机就回零（返回参考点）的习惯。回零（返回参考点）时，X 轴、Z 轴只能沿正方向运动，按住"+X""+Z"直到动作结束。回零前要注意，如果 X 轴或 Z 轴坐标值已经大于 0，应先手动移动到负值然后再回零，否则容易造成机床运动超程。

2. 操作功能按键

用户操作面板常用功能按键说明见表 4-2。

表 4-2　　用户操作面板功能按键说明

按键	用途	分类
LOCK	机床锁住。限制刀架的 X、Z 方向运动	自动方式
DRYRUN	空运行。校验程序格式和加工轨迹的正确性,与 LOCK 一起使用	自动方式
BLOCK	单段运行。每次只执行一个程序段,之后进入暂停状态,按一下 START,程序又执行下一段,依次类推	自动方式
SKIP	程序跳步。功能启用后,当程序执行到前面有反斜杠"/"的程序段时,系统跳过这一程序段	自动方式
START	循环启动。程序准备好以后,按此键开始执行	自动方式
HOLD	进给保持。程序暂停功能。当再次按 START 时,会按原有的设置继续加工	自动方式
STOP	程序停止。停止程序运行	自动方式
CW	主轴正转	手动方式
STOP	主轴停转(要区别上面的 STOP)	手动方式
CCW	主轴反转	手动方式
COOL	切削液控制	手动方式
TOOL	手动换刀。每按一次,刀架依次转动一个刀位	手动方式
LAMP	照明	手动方式

3. 其他旋钮、按键

(1) EMERGE 键,即急停按键。机床遇到紧急情况时,马上按下急停按键,这时机床紧急停止,主轴也马上紧急刹车。

(2) RAPID 键,即快速进给按键。在 JOG 方式下,如果同时按住方向键和快速进给键,车床会快速移动(G00 速度×倍率)。

(3) FEEDRATE OVERRIDE 旋钮,即进给倍率旋钮。在 JOG 方式或加工条件下可调节刀具的进给速度,范围为 0~150%。

(4) SPINDLE OVERRIDE 旋钮,即主轴倍率旋钮。在主轴以一定转速转动时,调节主轴的实际转速,范围为 50%~120%。

(5) LIMTREST 按键,即超程释放按键。当机床碰到急停限位时,EMG 急停中间继电器失电,机床急停报警。此时按住超程释放按键,用手动方式把刀架移出限位区域。

(6) READY 指示灯,即正常运行指示灯。此灯亮起时,机床处于正常状态,可以进行编辑和加工等工作。

(7) ALARM 指示灯,即异常报警指示灯。此灯亮起时,机床处于非正常状态,需要查明报警原因才能正常工作。

【思考与练习】

1. MODLE 功能选择旋钮包括哪些操作模式?
2. 空运行功能的作用是什么?

模块 2　FANUC Oi Mate-TC 数控车床基本操作

【学习目标】

1. 掌握数控车床基本操作。
2. 通过试切对刀法建立工件坐标系。

下面将通过实际操作步骤示范,介绍 FANUC Oi Mate—TC 数控车床开机及对刀的具体操作过程。

一、开机与关机

1. 开机

打开机床电器柜电源开关→按机床面板上的"控制器通电"按钮→检查"急停"按钮是否至松开状态(若未松开,旋转"急停"按钮,将其松开)→按"机床准备"按钮,开启机床电源。

2. 关机

按"复位键"复位系统→按下"急停"按钮→按下机床操作面

板上的"控制器断电"按钮→关闭机床总电源。

3. 工件和刀具安装注意事项

（1）在工件和刀具安装时，应在主轴完全停转的状态下操作。

（2）工件伸出卡盘的长度应满足加工长度要求。

（3）刀具安装时，应使刀塔上的刀槽处于水平位置，以便于安装。

（4）注意刀具伸出刀架的长度，避免刀具产生碰撞干涉。

（5）任何刀具在安装时都要确保每一个紧固螺钉锁紧，保证刀具安装紧固可靠。

二、回零操作

回零又叫作回机床参考点。

（1）连续点击"POS"按键，将显示屏切换到"综合坐标"界面，手动方式移动刀具离开参考点，使"机床坐标"中的 X、Z 值均为负值即可。

（2）X 轴回零。将"方式选择（MODLE）"开关旋转至"回零"模式（ZRN）→按"轴选择 X"键→按"手动+"键，则 X 轴回至参考点。

（3）Z 轴回零。按"轴选择 Z"键→按"手动+"键。

注意在回机床参考点之前，确保当前位置为参考点的负方向一段距离。一般在回机床参考点时，为了安全，应先回 X 轴，再回 Z 轴；出参考点时先出 Z 轴，后出 X 轴，以免撞到尾座。

三、手动操作

1. 手动/连续方式

（1）进入手动操作模式（JOG）。将机床面板上"方式选择（MODLE）"开关旋转至手动（JOG）状态。

(2) 手动操作轴的移动。通过"轴选择"按钮，选择需要移动的 X 或 Z 坐标轴，按"+Z""-Z""+X""-X"按键，控制轴正、负方向的移动。

2. 手摇轮操作

刀架的运动可以通过手轮来实现。将机床面板上"方式选择（MODLE）"开关旋至"手摇轮（HANDLE/STEP）"状态，系统进入手摇轮操作方式。手摇轮操作适用于微动、对刀、精确移动刀架切削等操作。

(1) 按下"轴选择"按钮中的"X"或"Z"，选择需要移动的坐标轴方向。

(2) 移动速度由"手动快速倍率"按钮进行调节，应选择合适的倍率。倍率挡如下。

"×1"——手轮每转动一格相应的坐标轴移动 0.001 mm。

"×10"——手轮每转动一格相应的坐标轴移动 0.01 mm。

"×100"——手轮每转动一格相应的坐标轴移动 0.1 mm。

(3) 旋转"手轮"，可精确控制机床进给轴的移动。

顺时针转动手轮，坐标轴向正方向移动。逆时针转动手轮，坐标轴向负方向移动。

四、MDI 操作

将机床面板上的"方式选择（MODLE）"开关旋转至 MDI 状态，进入 MDI 模式。在 MDI 键盘上按"PROG"键，进入编辑页面。显示屏切换到程序 MDI 界面，输入"M03 S400"，点击循环启动"START"按键，完成主轴旋转操作。MDI 界面如图 4-5 所示，其中 O0000 为系统保留程序号，为 MDI 专用，进入 MDI 状态自动生成，不允许操作者使用。

五、程序的输入与编辑

1. 显示程序存储器内容

（1）将"方式选择（MODLE）"开关旋转至"编辑（EDIT）"状态。

（2）按"PROG"键显示"程式（PROGRAM）"画面。

（3）按"LIB"软键，屏幕显示如图4-6所示。

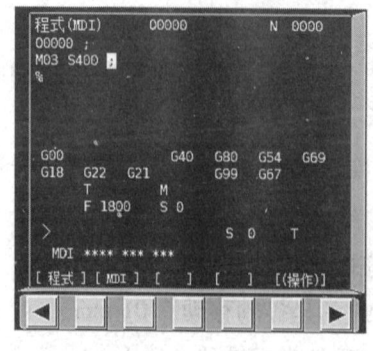
图4-5 MDI界面

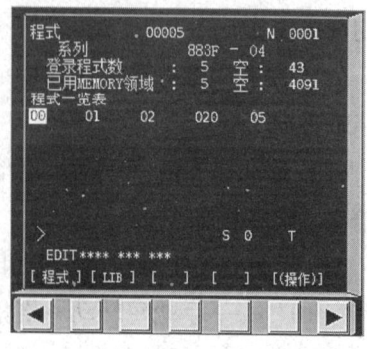
图4-6 显示存储器内容

2. 输入新的加工程序

（1）将"方式选择（MODLE）"开关旋转至"编辑（EDIT）"状态。

（2）按"PROG"键显示"程式（PROGRAM）"画面。

（3）输入程序名"O0001"。按数字/字母键键入字母"O"，再键入程序号"0001"，但不可以与已有程序号重复。用回车换行键"EOB"结束一行的输入后换行，按"INSERT"键确认，建立一个新的程序号，按"翻页"键可翻看页面。按"光标移动"键移动光标。按"CAN"键删除输入域中的数据。按"DELETE"键删除光标所在的代码。按"INSERT"键输入所编写的数据指令屏幕显示，如图4-7所示。然后即可输入程序的内容。

(4) 每输入一个程序句后按"EOB"键表示语句结束,然后按"INSERT"键将该语句输入。输入结束,屏幕显示如图4-8所示。

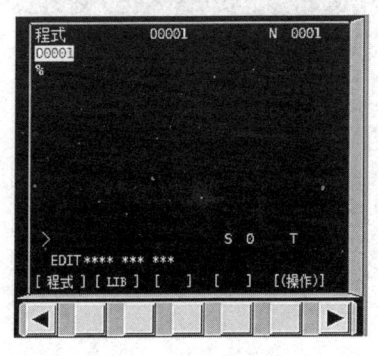

图4-7 建立新程序号　　　　图4-8 程序输入

3. 编辑程序

(1) 检索程序

1) 将"方式选择(MODLE)"开关旋转至"编辑(EDIT)"状态。

2) 按"PROC"键选择显示程序画面。

3) 输入要检索的程序号(如"O0001"),如图4-9所示。

4) 按"O检索"软键,即可调出所要检索的程序。

(2) 检索程序段

检索程序段(语句)需在已检索出程序的情况下进行。

1) 输入要检索的程序段号,如"N8"。

2) 按"检索"软键,光标即移至所检索的程序段N8所在的位置,如图4-10所示。

(3) 检索程序中的字符

1) 输入所需检索的字符,如"Z-10.0"。

2）以光标当前的位置为准，向前面检索按"检索↑"软键，向后面检索按"检索↓"软键，光标移至所检索的字符第一次出现的位置。

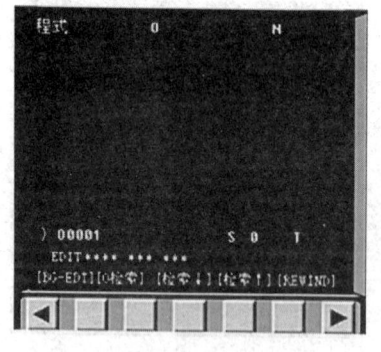

图4-9　检索程序　　　　　图4-10　检索程序段

（4）字符的修改。例如，将"X36"修改为"X32"操作如下。

1）将光标移至"X36"位置（可用检索方法，见图4-11）。

2）输入要改变的字"X32"。

3）按"ALERT"键，用"X32"将"X36"替换，如图4-12所示。

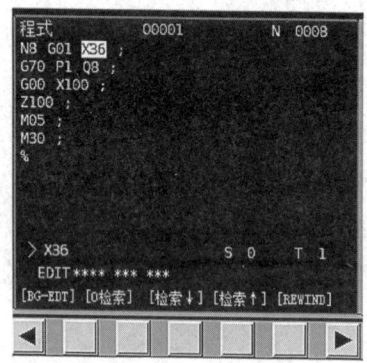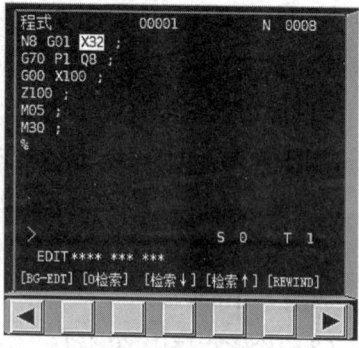

图4-11　检索程序中的字符　　　　　图4-12　替换后的字符

(5) 删除字符。例如,删除"X11.965"操作如下。

1) 将光标移至要删除的字符"X11.965"位置,如图 4-13 所示。

2) 按"DELETE"键,"X11.965"被删除,光标自动向后移,如图 4-14 所示。

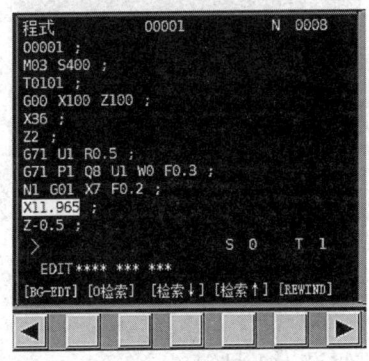 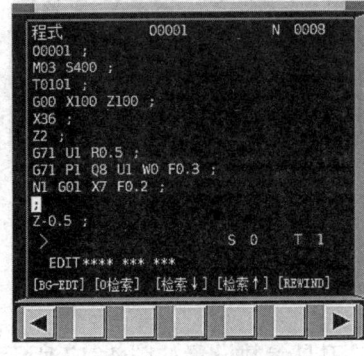

图 4-13 删除前　　　　　　图 4-14 删除后

(6) 插入字符

1) 将光标移动至要插入字的前一个字的位置"X18"处,如图 4-15 所示。

2) 键入"F0.2"。

3) 按"INSERT"键,插入完成,程序段变为"N1 G1 X18 F0.2",如图 4-16 所示。

(7) 删除程序。例如,删除程序号为"O0100"的程序操作如下。

1) 将"方式选择(MODLE)"开关旋转至"编辑(EDIT)"状态。

2) 按"PROG"键选择显示程序画面。

3) 输入要删除的程序号"O0100"。

4) 确认要删除的程序号。

5）按"DELETE"键，程序号"O0100"被删除。

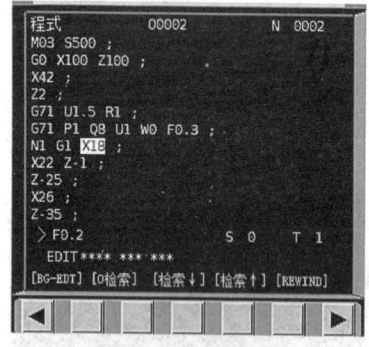

图 4-15　插入前　　　　　　图 4-16　插入后

六、刀具参数设置

刀具参数设置如图 4-17 所示。假设为 1 号刀。

1. 对 Z 轴

先车工件端面，按"OFFSET"键，按软键"形状"，显示如图 4-17 所示画面。在刀具号 01 中输入"Z0"，按软键"测量"，则 Z 坐标方向设置好，如图 4-18 所示。

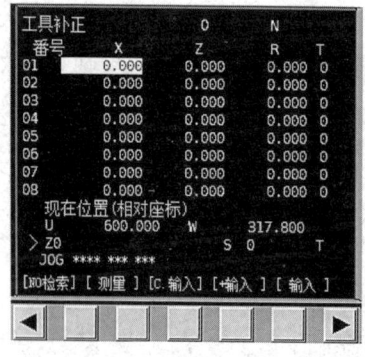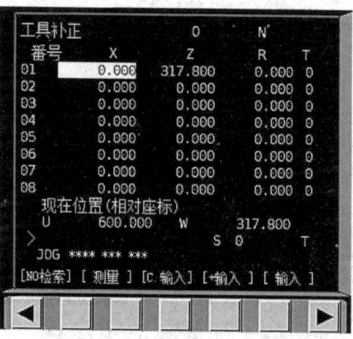

图 4-17　刀具参数设置　　　　图 4-18　Z 方向对刀

2. 对 X 轴

试切外圆,沿 Z 轴方向退刀,停主轴,测量工件直径(假设测量值为 51.2),然后按 "OFFSET" 键,按软键 "形状",显示如图 4-19 所示画面。在刀补号 01 中输入 "X51.2",按软键 "测量",则 X 坐标方向设置好,如图 4-20 所示。

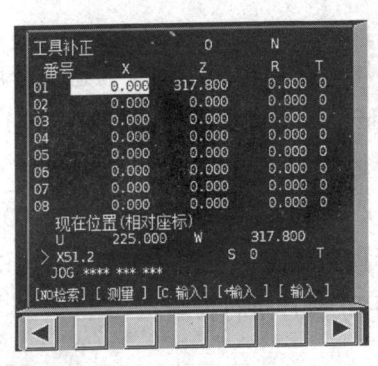

图 4-19 刀具参数设置

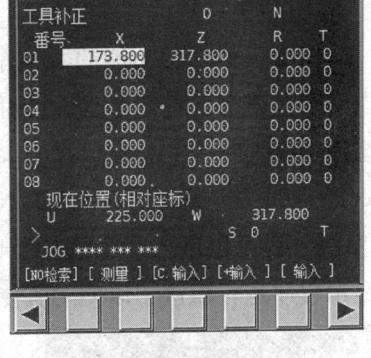

图 4-20 X 方向对刀

如果有多把刀对刀,则其余刀具以同样的方法,分别碰外圆和端面,设置同样的数据并测量即可。

七、自动加工

数控车床在启动、程序编辑、刀具安装、工件安装找正、对刀等一系列操作后,便可进入自动加工状态,完成工件最终的实际切削加工。循环运行启动时,还可以利用机床的相关功能,对加工程序、数据设置等进行全面的检查校验,以确保自动加工时零件的加工质量和机床的安全运行。

1. 自动运行的启动

(1)将"方式选择(MODLE)"开关旋转至"自动(MEMORY)"状态。

(2) 按"PROG"键,输入要运行的程序号,按光标下移键打开程序。

(3) 按"RESET"键将程序复位,光标指向程序的开头,如图 4-21 所示。

(4) 按"循环启动(STRAT)"键,自动循环运行。

2. 图形轨迹显示

有图形模拟加工功能的数控车床,在自动加工前,为避免程序错误、刀具碰撞工件或卡盘,可对整个加工过程进行图形模拟加工,检查刀具轨迹是否正确。在自动运行过程中,按下"机床锁住(LOCK)""空运行(DRYRUN)"功能键后选择"CUSTOM GRAPH"键可以进入程序轨迹图形模拟状态(见图 4-22),在 CRT 上显示程序运行轨迹,以便对所使用的程序进行检验。

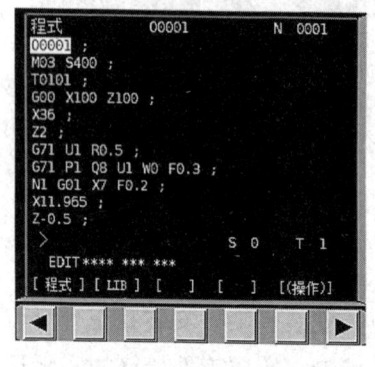

图 4-21 程序复位

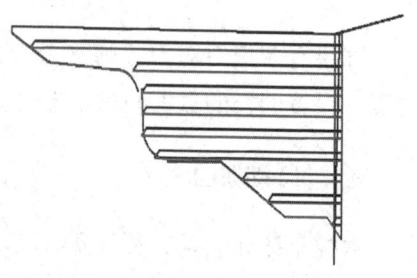

图 4-22 程序运行轨迹

【思考与练习】

1. 怎样在 FANUC 0i Mate—TC 系统中输入一个新的程序?
2. 数控车床的机床原点、机床参考点和工件原点有何区别?
3. 数控车床的回零方法有哪些?
4. 数控车床加工零件时为什么要对刀?简述试切法对刀的过程。

模块3 数控车床的日常维护与保养

【学习目标】
1. 了解数控车床的日常维护要求及维护方法。
2. 了解数控车床的保养方法。

在生产中,数控车床能否达到加工精度高、产品质量稳定、提高生产效率的目标,不仅取决于车床本身的精度和性能,还取决于设备是否得到正确的维护和保养。做好数控车床的日常维护与保养工作,可以延长元器件的使用寿命和机械部位的磨损周期,防止意外恶性事故的发生,使数控车床达到良好的技术性能,长时间稳定工作。

一、数控系统日常维护注意事项

数控系统日常维护的要求,在数控系统的使用、维修说明书中一般都有明确的规定。总的来说要注意以下几点。

1. 制定数控系统日常维护规章制度

数控系统编程、操作和维修人员必须经过专门的技术培训,熟悉车床及系统的使用环境、条件等,能按车床和系统使用说明书的要求正确、合理地使用,应尽量避免因操作不当引起的故障。同时,应根据操作规程的要求,针对数控系统各部件的特点,确定日常维护规章制度。例如,规定哪些地方需要天天清理,哪些部件要定时加油或定期更换等。

2. 应尽量少开数控柜门和强电柜门

除非进行必要的调整和维修,否则不允许随时开启数控柜门和强电柜门,不允许加工时敞开柜门,以防现场的油污、飘浮的灰尘及金属粉末落在数控装置内的印制电路板或电子元器件上，引起元器件间绝缘电阻下降，导致元器件及印制电路板损坏。

3. 定时清理数控装置的散热通风系统

每次使用前，应检查数控装置上各个冷却风扇工作是否正常，以防数控装置内温度过高（一般不允许超过 55 ℃），致使数控系统不能可靠地工作，甚至发生过热报警现象。

4. 定期检查和更换直流电动机电刷

虽然在现代数控车床上有交流伺服电动机和交流主轴电动机取代直流伺服电动机和直流主轴电动机的倾向，但使用的直流电动机仍占较大比例。直流电动机电刷的过度磨损将会影响电动机的性能，甚至造成电动机损坏。为此，应对电动机电刷进行定期检查和更换。检查周期随车床使用频率而异，一般为每半年或一年检查一次。

5. 经常监视数控装置用的电网电压

数控装置通常允许电网电压在额定值的±（10%～15%）范围内波动，如果超出此范围就会造成系统不能正常工作，甚至会引起数控系统内的电子部件损坏。

6. 存储器用的电池需要定期更换

存储器如采用 CMOS RAM 器件，为了在数控系统突然停电时能保持存储的内容，备有可充电电池维持电路。在正常电源供电时，由 +5 V 电源经一个二极管向 CMOS RAM 供电，同时对可充电电池进行充电；当电源停电时，则改由电池供电维持 CMOS RAM 信息。一般情况下，即使电池仍未失效，也应每年更换一次，以便确保系统能正常工作，电池的更换应在 CNC 装置通电状态下进行，以防数据丢失。

7. 数控系统长期不用时的维护

若数控系统处在长期闲置的情况下，需注意以下两点。

（1）要经常给系统通电，特别是在环境湿度较高的梅雨季节更是如此。在数控车床锁住不动的情况下，让系统空运行，利用电子元器件本身的发热来驱散数控装置内的潮气，保证电子元器件及部件的性能稳定、可靠。实践证明，在空气湿度较大的地区，经常通电是降低系统故障率的一大有效措施。

（2）如果数控车床的进给轴和主轴采用直流电动机来驱动，应将电刷从直流电动机中取出，以免由于化学腐蚀作用，使换向器表面腐蚀，造成换向性能变坏，使整台电动机损坏。

8. 备用印制电路板的维护

印制电路板长期不用很容易出故障。因此，对于已购置的备用印制电路板应定期装到数控装置上通电，运行一段时间，以防损坏。

二、数控车床日常维护保养

数控车床进行日常维护和保养可有效防止机床非正常磨损，避免突发故障，可使机床保持良好的技术状态，保持长时间稳定工作。数控车床说明书中一般有日常维护保养的时间，即每天、不定期、每半年或每年。在数控车床的维护实践中，必须落实每天、不定期的维护保养内容和要求，见表4-3。

表4-3　　数控车床日常维护保养部分内容

序号	检查周期	检查部位	检查要求
1	每天	X、Z轴导轨面	清除切屑及杂物，检查润滑油是否充足，导轨面有无划伤损坏
2	每天	导轨润滑油箱	检查测量油位，及时添加润滑油，保证油量充足，润滑泵能及时启动打油和停止，管路及各接头无泄漏现象
3	每天	机床液压系统	工作油面高度正常，压力表指示正常
4	每天	液压平衡系统	平衡压力指示正常，快速移动时平衡阀工作正常

续表

序号	检查周期	检查部位	检查要求
5	每天	CNC 的输入/输出单元	检查输入/输出的接口是否松开
6	每天	各种电气柜散热通风装置	各电气柜冷却风扇工作正常,风道过滤无堵塞
7	每天	各种防护装置	机床防护罩齐全有效等
8	不定期	检查各轴导轨上镶条、压滚松紧情况	按机床说明书调整
9	不定期	冷却水箱	检查液面高度,冷却液太脏时需要更换并清洗水箱,经常清洗过滤器
10	不定期	调整主轴松紧	按机床说明书调整
11	不定期	滚珠丝杠	清洗滚珠丝杠上旧的润滑脂,涂上新润滑脂
12	不定期	检查电动机等其他连接口	无松动现象

【思考与练习】

1. 数控系统的日常维护内容有哪些?
2. 数控车床的日常维护保养内容有哪些?

第5单元 零件的数控车床加工

在数控车床上经常加工如图5-1所示的轴类零件。轴是支撑转动零件并与之一起回转以传递运动、转矩的机械零件,是最常用、最重要的机器零件之一,如各类机床的主轴、机器齿轮箱中的转轴、车轮的支撑轴等。轴由最基本的圆柱面、圆锥面、台阶面、端面、成形表面组成。本单元主要讲解轴类零件的加工特点、加工工艺和方法、编程及加工误差分析。

图5-1 轴类零件

模块1 外圆柱面的加工

【学习目标】

1. 掌握G00、G01指令的应用。
2. 掌握外圆的加工方法和工艺要求。
3. 会编写轴类零件外圆加工程序。

4. 掌握数控车床加工零件的操作步骤。

一、外圆车削的工艺要求

1. 外圆车削阶段的工艺要求

外圆车削分为粗车、半精车、精车 3 个阶段。粗车时对零件表面质量及尺寸没有严格要求，只需尽快去除各表面多余部分，同时给各表面留出一定的精车余量即可。一般在数车床动力允许情况下，采用吃刀深、进给量大、较低转速的做法，对车刀的要求主要是要有足够的强度、刚度和寿命。半精加工阶段是使主要表面达到一定精度，留有一定的精加工余量，为主要表面的精加工做好准备，并可以完成一些次要表面加工，如扩孔、攻螺纹等。精车是车削的末道工序，目的是使工件获得准确的尺寸和规定的表面粗糙度，对车刀的要求主要是锋利，切削刃平直、光洁，切削时必须使切屑排向工件待加工表面。

2. 车削外圆时车刀安装的工艺要求

车削外圆与车削端面时车刀的安装要求和方法基本相同。车刀安装是否正确，将直接影响切削能否进行和工件的加工质量。即使刃磨合理的车刀，如果安装得不正确，也会改变车刀工作时的实际角度。车刀安装后必须保证达到以下要求。

（1）车刀的伸出长度不宜过长，否则在切削过程中减弱刀杆的刚性，容易产生振动，影响工件的表面粗糙度，严重时会损坏车刀。通常车削外圆时，在不影响切削和观察的情况下，尽量缩短车刀伸出刀架部分的长度，一般为刀杆厚度的 1.5 倍左右。

（2）车刀下面的垫片数量不宜过多，否则易使车刀在加工中产生振动。通常在保证车刀高度的情况下，尽量减少垫片数量，且垫片要平整，并应与刀架前端对齐，以防止车刀产生振动。

（3）压紧车刀用的螺钉不可少于两个，否则在车削过程中易使车刀移动，从而影响工件的加工。因此，为确保车刀装夹可靠，车刀至少要用两个螺钉压紧在刀架上，并逐个拧紧。

（4）车刀的刀尖不宜高于或低于工件的回转中心，否则由于切削平面和基面的位置发生变化，使车刀工作时的前角和后角数值发生改变。若刀尖装得高于回转中心（见图5-2a），会使后角减小，增大车刀后面和工件加工表面之间的摩擦，使工件表面产生硬化现象，并降低了表面质量；若刀尖装得低于工件回转中心（见图5-2c），会使前角减小，切削力增大，导致切削不顺畅。通常车削外圆时，刀尖一般应与工件轴线等高（见图5-2b）。

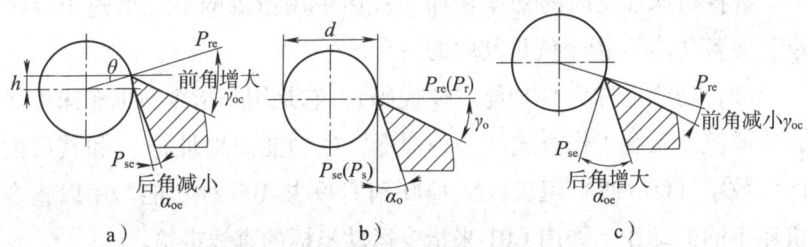

图5-2 车刀刀尖高度对刀具前角、后角的影响
a）刀尖过高 b）刀尖等高 c）刀尖过低

（5）刀杆不能歪斜，否则会使车刀的主偏角和副偏角发生变化。其原因在于：当车刀的角度一定时，若主偏角增大，会使副偏角减小，加剧副切削力与工件已加工表面之间的摩擦，容易引起振动，使工件表面产生振纹。若主偏角减小，则副偏角增大，会使车刀的主偏角和副偏角发生变化而影响工件的表面粗糙度，降低表面质量。同时由于主偏角减小，使得径向切削力增大，当工件刚性较差时，易产生弯曲变形。因此，安装车刀时应使刀杆中心线与主轴轴线垂直。

3. 车削外圆时工件安装的工艺要求

车削外圆时，工件一般采用三爪自定心卡盘安装。工件安装在卡盘上，必须校正平面和外圆，两者必须同时兼顾。尤其是在加工余量较少的情况下，应着重注意校正余量少的部分，否则会使毛坯车削达不到规定的尺寸而产生废品。为了防止车削时因工件变形和振动而影响加工质量，工件在三爪自定心卡盘上装夹时，若工件直径小于或等于 30 mm，其悬伸长度不应大于直径的 3 倍；若工件直径大于 30 mm，其悬伸长度不应大于直径的 4 倍，且应夹紧，避免工件被车刀顶弯、顶落而造成打刀事故。

二、编程指令

1. 准备功能 G 指令

数控机床加工时的动作在加工程序中用指令的方式事先予以规定，准备功能 G 指令就是其中的一种。

准备功能也称为 G 功能（G 代码），它是用来指令数据车床工作方式或控制系统工作方式的一种命令。G 功能由地址符 G 和其后的两位数字（00~99）组成，从 G00 到 G99 共 100 种功能，用以指令机床不同的动作，如用 G01 来指令运动坐标的直线进给。

G 代码有单次 G 代码和模态 G 代码之分。单次 G 代码也叫非模态 G 代码，只限于被指令的程序段中有效，而模态 G 代码在同组 G 代码出现之前其代码一直有效。

2. G00 刀具快速定位指令

（1）指令格式

G00　X(U)　____　Z(W)　____；

其中：

X、Z：绝对编程时，目标点在工件坐标系中的坐标；

U、W：增量编程时，刀具相对于起始点移动的距离。

在 FANUC 系统中，X、U 值采用直径编程，即 X、U 值为目标基点的直径值或直径之差。

（2）指令应用。主要用于使刀具快速接近或快速离开工件。

（3）指令说明

1）G00 指令中的快移速度由机床参数"快移进给速度"对各轴分别设定，所以 G00 中不规定 F 值。快移速度可由面板上的快速修调按钮修正。

2）在执行 G00 指令时，由于各轴以各自的速度移动，不能保证各轴同时到达终点，因此联动直线轴的合成轨迹不一定是直线，操作者必须格外小心，以免刀具与工件发生碰撞。常见 G00 运动轨迹如图 5-3 所示，从 A 点到 B 点常见有以下两种方式：直线 AB，折线 AEB。折线的起始角 θ 是固定的（如 $\theta=67.5°$ 或 $45°$），它取决于各坐标的脉冲当量。

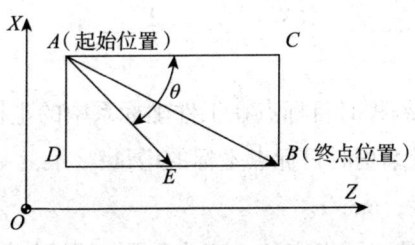

图 5-3 G00 定位轨迹

3）G00 为模态功能，可由 G01、G02、G03 等功能注销。目标点位置坐标可以用绝对值，也可以用相对值，甚至可以混用。例如，需将刀具从起点 S 快速定位到目标点 P（见图 5-4），其编程方法见表 5-1。

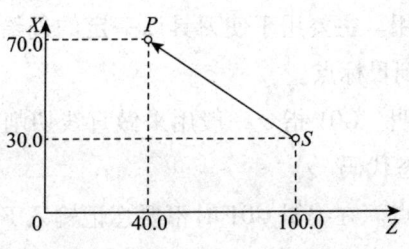

图 5-4 绝对、相对、混合编程实例

表 5-1　　　　　　　绝对、相对、混合编程方法

编程方式	应用指令	X 坐标	Z 坐标
绝对编程	G00	X70	Z40
相对编程	G00	U40	W-60
混合编程	G00	U40	Z40
	G00	X70	W-60

（4）编程要点。车削时，快速定位目标点不能选在工件上，一般要离开工件表面 1~5 mm。

3. G01 直线插补指令

（1）指令格式

G01　X(U)　____　Z(W)　____　F____；

其中：

X、Z：绝对编程时目标点在工件坐标系中的坐标；

U、W：增量编程时目标点坐标的增量；

F：进给速度，mm/r。

在切削工件时，用指定的速度来控制刀具运动称为进给，决定进给速度的功能称为进给功能，也称 F 功能。F 值为模态值，对于数控车床，其进给的方式可以分为每分钟进给和每转进给两种。机床默认为每转进给，与普通车床的进给量概念完全相同。每分钟进给，即刀具每分钟走的距离，单位为 mm/min，与数据车床转速大小无关，其进给进度不随主轴转速的变化而变化。

（2）指令应用。主要用于使刀具以一定的进给速度，从所在点出发，直线移动到目标点。

（3）指令说明。G01 指令一般用来做直线切削动作，与 G00 指令属于同组的模态代码。

（4）编程要点。在编辑 G01 时不要忘记输入 F 值，否则此条 G 指令将不能执行或是默认之前的 F 值。

三、工作任务

图 5-5 所示简单阶梯轴零件图,外圆尺寸精度较低,未注公差。使用 FANUC 0i Mate-TC 系统数控车床完成该轴加工。工件材料为 45#,毛坯料尺寸为 ϕ30 mm 棒料。应用 G 指令完成阶梯轴零件加工。

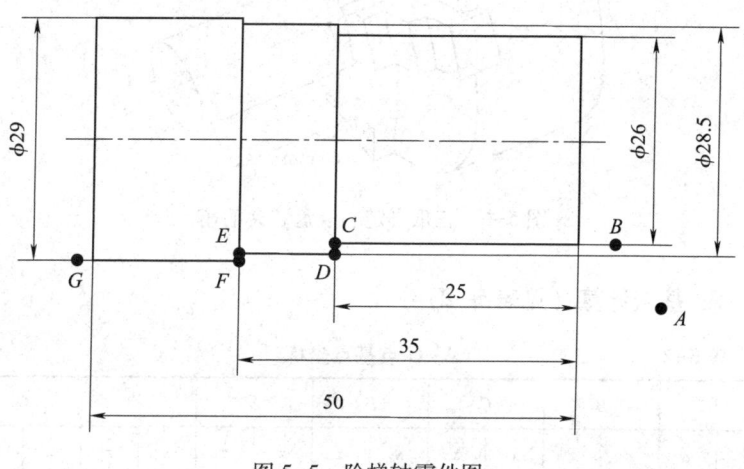

图 5-5 阶梯轴零件图

四、任务实施

1. 工艺分析

(1) 工序内容。各台阶尺寸差不大,采用一次车出的方法完成每个直径的加工。

(2) 确定刀具。选用 95°外圆车刀作为 1 号刀具进行加工。

(3) 装夹方案。由于毛坯为棒料,用三爪自定心卡盘夹紧定位,毛坯伸出长度要大于加工长度,故选择 60 mm,如图 5-6 所示。为了加工思路清晰,加工起点定在毛坯边缘,换刀点定在(100,100)位置。

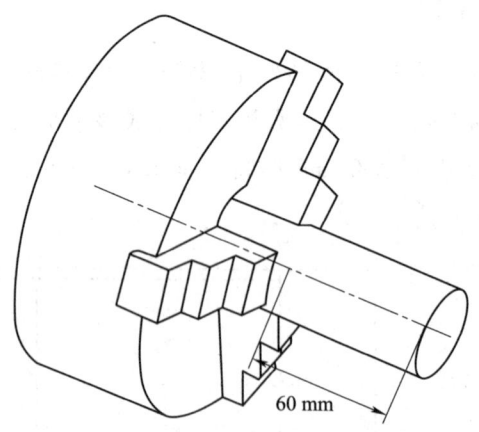

图 5-6 三爪自定心卡盘装夹毛坯

2. 基点计算（见表 5-2）

表 5-2 　　　　　　　　$A \sim G$ 点基点坐标

A		B		C		D		E		F		G	
x	z	x	z	x	z	x	z	x	z	x	z	x	z
100	100	26	2	26	-25	28.5	-25	28.5	-35	29	-35	29	-52

对刀点是指在数控机床上加工工件时，刀具相对于工件运动的起点。由于程序从该点开始执行，所以对刀点又称为程序起点或起刀点。对刀点 X 向取毛坯直径，Z 向一般在距离工件 2 mm 处。此题因为是一刀切削完成加工，所以起刀点设为 B（26，2）。

3. 选择刀具及切削用量

数控车床刀具的种类很多，针对不同特征、不同要求的零件加工，刀具的合理选择尤为重要。在数控车床上，常用的刀具有外圆车刀、内孔车刀、切断刀、螺纹车刀等。根据工作任务，选用 SANDVIK（山特维克）机夹外圆车刀，刀具及切削用量见表 5-3。

表 5-3　　　　　　　　　　刀具及切削用量

工序	刀号	刀杆规格	刀片规格	加工内容	主轴转速（r/min）	背吃刀量（mm）	进给量（mm/r）
加工外圆	T01	DCLNR2525M09	CNMG090308-PM	车外圆	800	2	0.3

4. 加工程序（见表 5-4）

表 5-4　　　　　　　　　　加工程序

程序内容	说明
O0001;	程序号
M03 S800;	主轴正转，转速 800 r/min
T0101;	换 1 号刀（外圆刀）
G00 X100 Z100;	快速移动至（100，100），设定为换刀点
G00 X26 Z2;	快速定位至（26，2），设定为程序起刀点
G01 Z-25 F0.3;	由 B 到 C，切削 $\phi 26$ mm 外圆
G01 X28.5 Z-25 F0.3;	由 C 到 D，切削端面
G01 X28.5 Z-35 F0.3;	由 D 到 E，切削 $\phi 28.5$ mm 外圆
G01 X29 Z-35 F0.3;	由 E 到 F，切削端面
G01 X29 Z-52 F0.3;	由 F 到 G，切削 $\phi 29$ mm 外圆
G01 X100 Z-52 F0.3;	X 向快速退刀
G00 X100 Z100;	快速退刀至换刀点
M05;	主轴停转
M30;	程序结束并返回

5. 上机加工

本次加工选用 FANUC 0i Mate-TC 系统数控车床，采用三爪自定心卡盘装夹。操作步骤如下。

（1）机床通电，进入系统。

（2）回参考点，建立机床坐标系。

（3）安装刀具：主偏角 95°外圆车刀。

（4）装夹毛坯。将 $\phi30$ mm 棒料装夹在三爪自定心卡盘上，伸出卡盘长度 60 mm。

（5）将加工程序输入机床。

（6）程序校验。程序校验是零件加工中的重要步骤之一。

新程序在编辑完成之后，必须进行程序校验，它的目的是检查程序的正确性。在执行程序校验的过程中，机床能够根据编辑的程序模拟出刀具加工的真实轨迹，操作者可以通过经验检查出新程序是否存在编辑或输入错误，进而避免因为程序错误而造成撞刀等事故发生。

程序校验的过程如下。

1）将程序输入机床。

2）选择合理的换刀点，按下 LOCK（机床锁）和 DRYRUN（空运行）两个按钮。

3）在 CRT/MDI 面板上按下 CSTM/GR 按钮，切换到图形界面。

4）在 MOMERY（自动运行）状态下，按下 START（开始）按钮，观察 CRT 屏幕中的刀具轨迹图形。

5）根据刀具轨迹图形画面判断程序正确与否，并进行修正。

6）按起 LOCK（机床锁）和 DRYRUN（空运行）两个按钮，结束程序校验。

7）操作机床回零点。

（7）对刀。通过试切法建立工件坐标系。

（8）自动运行模式下选择循环启动，完成零件加工。

第 5 单元 零件的数控车床加工

6. 检测控制

(1) 测量工具。根据零件精度要求选择游标卡尺进行外径及长度的测量，如图 5-7 所示。

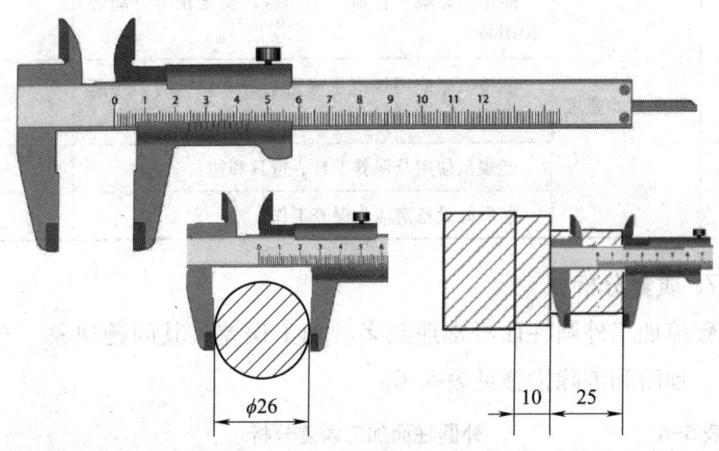

图 5-7 游标卡尺测量示意图

(2) 操作评价记录表（见表 5-5，合格标"√"，不合格标"×"）。

表 5-5　　　　　　　　操作评价记录表

序号	名称	项目及技术要求	检测记录
1	主要尺寸	φ26 mm	
2		φ28.5 mm	
3		φ29 mm	
4		长度 50 mm	
5	主观评分	已加工零件去毛刺是否符合图样要求	
6		已加工零件是否有划伤、碰伤和夹伤	
7		已加工零件与图样要求的一致性	

· 155 ·

续表

序号	名称	项目及技术要求	检测记录
8	更换毛坯	是否更换毛坯（是/否）	
9	职业素养要求	能正确穿戴工作服、工作鞋、安全帽等劳动防护用品	
10		能按机床使用规范正确进行开关机、对刀等基本操作	
11		能规范使用及保养工具、量具和辅具	
12		能做好设备清洁、保养工作	

7. 质量分析

数控加工外圆柱面经常遇到多种加工误差，其问题现象、产生原因、预防和消除措施见表5-6。

表5-6　　　　　外圆柱面加工误差分析

问题现象	产生原因	预防和消除措施
工件外圆尺寸超差	(1) 刀具参数不准确 (2) 切削用量选择不当让刀 (3) 程序错误 (4) 工件尺寸计算错误	(1) 调整或重新设定刀具参数 (2) 合理选择切削用量 (3) 检查、修改程序 (4) 正确计算工件尺寸
外圆表面粗糙度差	(1) 切削速度太低 (2) 安装刀具高于中心 (3) 切屑缠绕工件表面 (4) 刀具磨损 (5) 切削液选择不合理	(1) 选择较高的主轴转速 (2) 调整刀具高度 (3) 选择合理的进刀方式和切深 (4) 及时更换刀具或刀片 (5) 正确选择切削液
工件圆度超差或产生锥度	(1) 车床主轴间隙过大 (2) 程序错误	(1) 调整车床主轴间隙 (2) 检查、修改程序

模块 2　外圆锥面的加工

【学习目标】
1. 学习 G90 加工锥面的指令格式。
2. 掌握单一固定循环加工参数含义。
3. 掌握圆锥尺寸的计算方法。
4. 会编制外圆锥面加工工艺及程序。

一、外圆锥面车削工艺要求

根据加工图样要求装夹工件和选择车刀，车刀必须安装在工件回转轴线的水平位置，否则会影响圆锥的精度。车刀安装若不对中心（偏高或偏低）时，会造成圆锥的锥度误差和母线直线度误差，车出来的圆锥素线将不是直线，而是双曲线。

二、编程指令

1. 单一固定循环指令

加工余量较大的毛坯，刀具常常反复执行相同的动作，需要编写很多相同或相似的程序段。为了简化程序，缩短编程时间，用一个或几个程序段指定刀具做反复切削动作，这就是循环指令的功能。

将常用的相关指令序列结合成为一个指令就是单一固定循环指令。

2. G90 外圆粗车单一固定循环加工指令

（1）指令格式

G90　X(U)＿＿＿　Z(W)＿＿＿　F＿＿＿；

其中：

X、Z：绝对编程时目标点在工件坐标系中的坐标；

U、W：增量编程时目标点坐标的增量；

F：进给速度。

（2）指令应用。G90 指令用于车削外圆柱面毛坯余量较大的轴类零件。G90 指令加工一个轮廓表面有四步动作，如图 5-8 所示。

1）快速进刀（相当于 G00 指令）。

2）切削进给（相当于 G01 指令）。

3）退刀（相当于 G01 指令）。

4）快速返回（相当于 G00 指令）。

单一固定循环指令用一个程序段完成上述 1~4 的加工操作。

（3）指令说明

1）G90 指令及指令中各参数均为模态值，一经指定就一直有效，在完成固定切削循环后，可用另外一个（除 G04 以外的）G 代码取消其作用。

2）循环起点应距离工件端面 1~3 mm。

3）加工外圆表面时要正确选择切削的第一个循环终止点，防止因选择第一刀的切深量过大而引起刀具损坏。

4）在固定循环切削过程中，M、S、T 等功能都不能改变，如需改变，必须在 G00 或 G01 的指令下变更。

5）G90 循环每一步切削加工结束后，刀具自动返回起刀点。

6）G90 循环第一步移动必须是 X 轴单方向移动。

3. G90 圆锥车削指令

（1）指令格式

G90　X(U)＿＿＿　Z(W)＿＿＿　R＿＿＿　F＿＿＿；

其中：

R：车圆锥时切削起点与终点的半径差值，如图 5-9 所示。

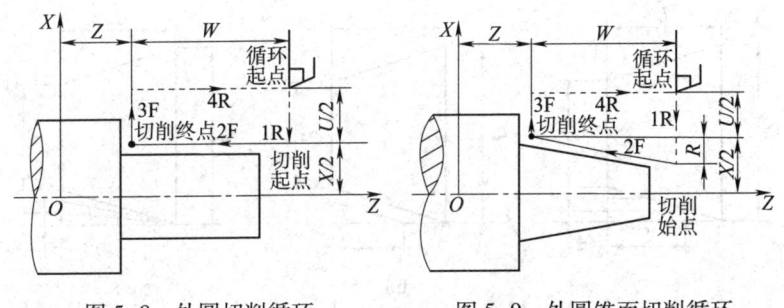

图 5-8 外圆切削循环　　　图 5-9 外圆锥面切削循环

该值有正负号,若切削起点的半径值小于切削终点的半径值(正圆锥),R 取负值;反之(倒圆锥),R 取正值。

(2) 指令应用。用于外圆锥面毛坯余量较大的轴类零件粗车。

(3) 指令说明

1) G90 指令及指令中各参数均为模态值,一经指定就一直有效,在完成固定切削循环后,可用另外一个(除 G04 以外的)G 代码取消其作用。

2) 循环起点应距离工件端面 1~3 mm。

3) 加工圆锥面时要正确选择 R 值和切削的第一个循环终止点,防止因选择第一刀的切深量过大而引起刀具损坏。

4) 选取的循环起点不同,加工同一个外圆锥时得到的 R 值也不同。

(4) 圆锥的加工路线分析。在数控车床上车外圆锥,假设圆锥大径为 D,小径为 d,锥长为 L,车圆锥的加工路线如图 5-10 所示。

按图 5-10a 所示阶梯切削路线,两刀粗车,最后一刀精车。两刀粗车的终刀距 S 要作精确的计算,可由相似三角形计算得到。此种加工路线,粗车时刀具背吃刀量相同,但精车时背吃刀量不同;刀具切削运动的路线最短。

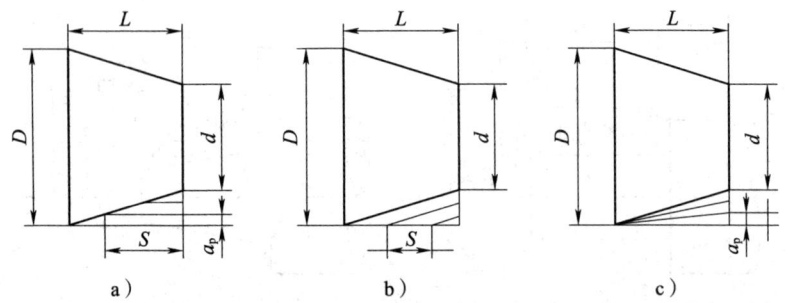

图 5-10 车圆锥的加工路线
a) G71 指令加工 b) G90 指令加工 c) G01 指令加工

按图 5-10b 所示斜线切削路线,也需计算粗车时终刀距 S,同样可由相似三角形计算得到。按此种加工路线,刀具切削运动的距离较短。

按图 5-10c 所示斜线加工路线,只需确定了每次背吃刀量 a_p,不需计算终点刀距,编程方便。但在每次切削中背吃刀量是变化的,且刀具切削运动的路线较长。

三、工作任务

应用 G90 指令完成如图 5-11 所示零件的加工,毛坯直径为 40 mm。

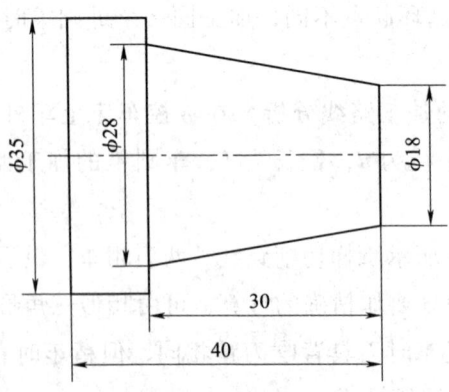

图 5-11 外圆锥面的加工

四、任务实施

1. 工艺分析

（1）工序内容。零件结构主要以圆锥面为主，圆锥面配合传递转矩大，且内、外圆锥面结合后同轴度高，具有较高的定心精度。采用多次分层切削的方法完成圆锥面的加工，加工工艺路线见表5-7。

表5-7　　　　　　　　加工工艺路线

操作步骤	加工简图
（1）夹持工件，用钢直尺测量伸出部分满足加工需要。粗车外圆 $\phi35$ mm，留精加工余量单边 1 mm	
（2）粗车外圆锥面 $\phi18$ mm 至 $\phi28$ mm 尺寸，留精加工余量单边 1 mm	
（3）精加工外轮廓至零件图样尺寸	

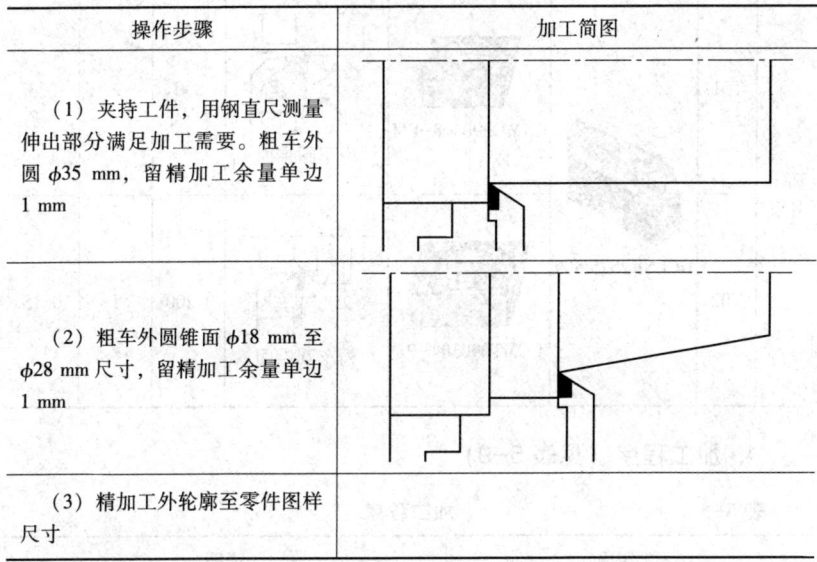

（2）确定刀具。选用95°外圆车刀作为1号刀具进行加工。

（3）装夹方案。由于毛坯为棒料，用三爪自定心卡盘夹紧定位，毛坯装夹伸出长度要大于切削长度。为了加工思路清晰，加工起点定在毛坯边缘，换刀点定在（100，100）位置。

2. 数值计算

设置循环起始点（42，3），轮廓轨迹依次需要点（17，3）（28，-30）（35，-30）（35，-40），R值为-5.5。

3. 选择刀具及切削用量

根据工作任务选用 SANDVIK（山特维克）机夹外圆车刀，刀具及切削用量见表 5-8。

表 5-8　　刀具及切削用量

工序	刀号	刀杆规格	刀片规格	加工内容	主轴转速 (r/min)	背吃刀量 (mm)	进给量 (mm/r)
加工外圆	T01	DCLNR2525M09	CNMG090308-PM	粗车圆锥面	800	2	0.3
	T02		CCMT090304-PF	精车圆锥面	1 200	1	0.15

4. 加工程序（见表 5-9）

表 5-9　　加工程序

程序内容	说明
M03　S800;	
T0101;	
G00 X100　Z100;	
G00　X42　Z3;	
G90　X37　Z-40　F0.3;	外圆柱面切削循环，进给量 0.3 mm/r
X44　Z-30　R-5.5;	外圆锥面切削循环
X40　R-5.5;	

续表

程序内容	说明
X36　R-5.5;	
X32　R-5.5;	
X30　R-5.5;	
M03　S1200;	转速 1 200 r/min
G00 X100 Z100;	
T0202;	换 2 号精车刀
G00　X17　Z3;	精车外轮廓
G01　X28　Z-30　F0.15;	设定进给量 0.15 mm/r
X35;	
Z-40;	
X42;	
Z3;	
G00 X100 Z100;	
M05;	主轴停止转动
M30;	程序结束返回开始

5. 上机加工

本次加工选用 FANUC Oi Mate-TC 系统数控车床，采用三爪自定心卡盘装夹。操作步骤如下。

（1）机床通电，进入系统。

（2）回参考点，建立机床坐标系。

（3）安装刀具：主偏角 95°外圆车刀。

（4）装夹毛坯。将 ϕ40 mm 棒料装夹在三爪自定心卡盘上，伸出卡盘长度 50 mm。

（5）将加工程序输入机床。

(6) 程序校验。

(7) 对刀。通过试切法建立工件坐标系。

(8) 自动运行模式下选择循环启动,完成零件加工。

6. 检测控制

(1) 测量工具。根据零件精度要求选择游标卡尺进行外径测量,万能角度尺进行锥度检测,见表 5-10。

表 5-10　　　　　测量工具

量具种类	量具图样	精度及应用
游标卡尺		测量精度为 0.02 mm,是常用的外圆直径及长度测量量具。此外还有带表游标卡尺和数显游标卡尺,测量精度较高
万能角度尺		能测 0~320° 范围角度,测量精度 2′。用于单件或批量生产零件圆锥角度测量

(2) 操作评价记录表(见表 5-11,合格标"√",不合格标"×")。

表 5-11　　　　　操作评价记录表

序号	名称	项目及技术要求	检测记录
1	主要尺寸	ϕ35 mm	
2		长度 30 mm	
3		长度 40 mm	
4		锥度值	

续表

序号	名称	项目及技术要求	检测记录
5	主观评分	已加工零件去毛刺是否符合图样要求	
6		已加工零件是否有划伤、碰伤和夹伤	
7		已加工零件与图样要求的一致性	
8	更换毛坯	是否更换毛坯（是/否）	
9	职业素养要求	能正确穿戴工作服、工作鞋、安全帽等劳动防护用品	
10		能按机床使用规范正确进行开关机、对刀等基本操作	
11		能规范使用及保养工具、量具和辅具	
12		能做好设备清洁、保养工作	

7. 质量分析

数控加工外圆锥面经常遇到多种加工误差，其问题现象、产生原因、预防和消除措施见表 5-12。

表 5-12　外圆锥面加工误差分析

问题现象	产生原因	预防和消除措施
工件外圆尺寸超差	(1) 刀具参数不准确 (2) 切削用量选择不当 (3) 程序错误 (4) 工件尺寸计算错误	(1) 调整或重新设定刀具参数 (2) 合理选择切削用量 (3) 检查、修改程序 (4) 正确计算工件尺寸
圆锥面大小端直径超差	(1) 圆锥编程尺寸错误 (2) 刀具 X 方向对刀误差大 (3) 测量错误	(1) 检查、修改程序 (2) 重新对刀 (3) 检查修改错误数值
圆锥面长度尺寸超差	(1) 圆锥编程尺寸错误 (2) 刀具 Z 方向对刀误差大 (3) 测量错误	(1) 检查、修改程序 (2) 重新对刀 (3) 检查修改错误数值

续表

问题现象	产生原因	预防和消除措施
外圆表面粗糙度差	（1）切削速度太低 （2）安装刀具高于中心 （3）切屑缠绕工件表面 （4）刀具磨损 （5）工艺系统刚性不足	（1）选择较高的主轴转速 （2）调整刀具高度 （3）选择合理的进刀方式和切深 （4）及时更换刀具或刀片 （5）改变定位方案，增强工艺系统刚性
工件圆度超差或锥度超差	（1）车床主轴间隙过大 （2）程序错误	（1）调整车床主轴间隙 （2）检查、修改程序

模块3 端面的加工

【学习目标】

1. 掌握端面加工方法和工艺要求。
2. 掌握G94指令的使用方法。
3. 能正确安装车削刀具。

一、端面车削工艺要求

1. 端面车削切削用量要求

使用主偏角为90°的外圆车刀车削端面时，背吃刀量不能过大。在通常情况下，是使用外圆车刀的副切削刃对工件端面进行切削的，当背吃刀量过大时，向床头方向的切削力会使车刀扎入端面而形成凹面，如图5-12所示。

2. 端面车削刀具安装的工艺要求

外圆车刀的主偏角不能小于90°，否则会使端面的平面度超差或

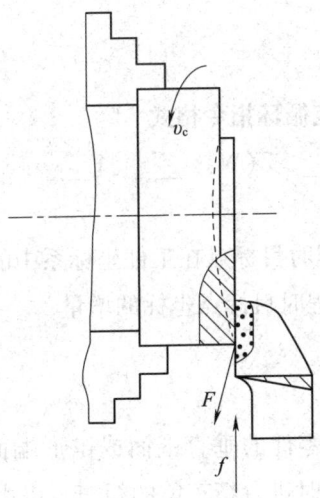

图 5-12 扎刀受力分析

者在车削阶台端面时造成阶台端面与工件轴线不垂直。通常在车削端面时,右偏刀的主偏角应在 90°~93°。

车削端面与车削外圆时车刀的安装要求和方法基本相同。车削端面时,特别要严格保证车刀的刀尖对准工件的旋转中心,以防车削后的工件端面中心处留有凸头,甚至车刀车到中心处时会使刀尖崩碎。车刀刀尖高度对车削端面的影响如图 5-13 所示。

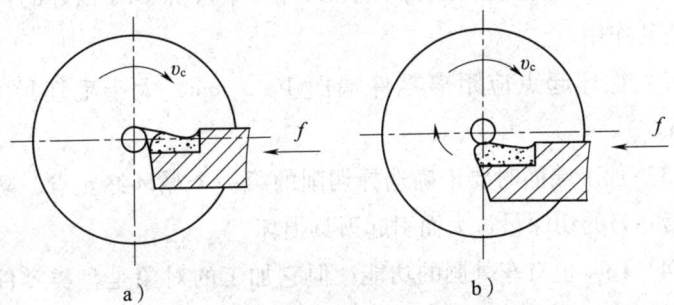

图 5-13 车刀刀尖高度对车削端面的影响
a) 刀尖过高 b) 刀尖过低

二、编程指令

1. 端面单一固定循环指令格式

G94　X(U)＿＿＿　Z(W)＿＿＿　F＿＿＿；

其中：

X、Z：绝对编程时目标点在工件坐标系中的坐标；

U、W：增量编程时目标点坐标的增量；

F：进给速度。

2. 指令应用

G94 指令用于在零件的垂直端面或锥形端面上毛坯余量较大或直接从棒料车削零件时进行精车前的粗车,以去除大部分毛坯余量。G94 指令加工一个轮廓表面需要以下四个动作。

（1）快速进刀（相当于 G00 指令）。

（2）切削进给（相当于 G01 指令）。

（3）退刀（相当于 G01 指令）。

（4）快速返回（相当于 G00 指令）。

3. 指令说明

（1）G94 指令及指令中各参数均为模态值,一经指定就一直有效,在完成固定切削循环后,可用另外一个（除 G04 以外的）G 代码取消其作用。

（2）循环起点应距离零件端面 1~3 mm,大于毛坯尺寸 5~10 mm。

（3）加工端面时要正确选择切削的第一个循环终止点,防止因选择第一刀的切深量过大而引起刀具损坏。

（4）G94 也有车外圆的功能,但它加工的对象是盘类零件的端面,所采用的刀具安装形式也与 G90 不同。

端面切削循环如图 5-14 所示。

第5单元 零件的数控车床加工

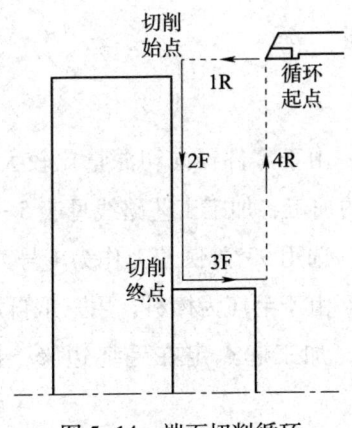

图 5-14 端面切削循环

三、工作任务

加工如图 5-15 所示盘类零件上的 $\phi 30$ mm 台阶,所允许的最大切深量为 2 mm。

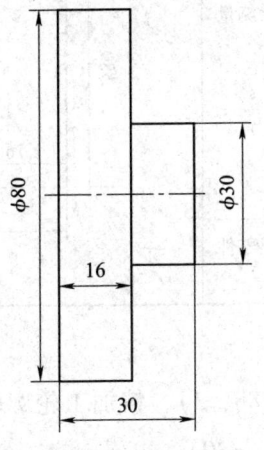

图 5-15 盘类零件

· 169 ·

四、任务实施

1. 工艺分析

(1) 工序内容。由于零件径向切深量比较大,因此采用多次切削的方法完成零件的加工,加工工艺路线见表 5-13。

(2) 确定刀具。选用 93°外圆车刀作为 1 号刀具进行加工。

(3) 装夹方案。由于毛坯为棒料,用三爪自定心卡盘夹紧定位。为了加工思路清晰,加工起点定在毛坯边缘,换刀点定在(100,100)位置。

表 5-13   加工工艺路线

操作步骤	加工简图
(1) 夹持工件,用钢直尺测量伸出部分满足加工需要	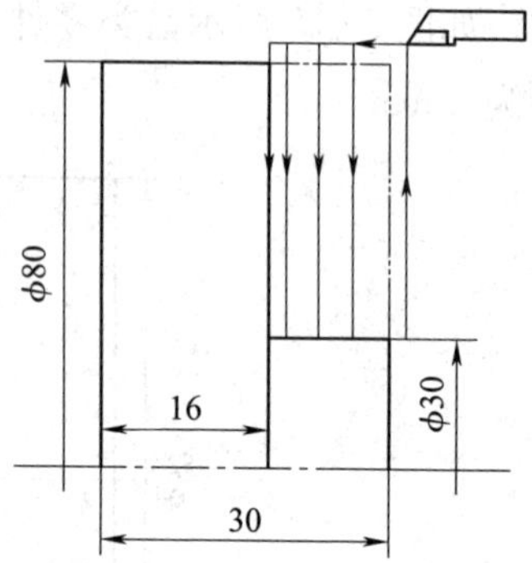
(2) 粗、精加工外轮廓至零件图样尺寸	

2. 基点计算

设置循环起始点(85,2),精加工轮廓轨迹为(30,0)(30,-14)(80,-14)(80,-30)。

3. 选择刀具及切削用量

加工盘类零件,为防止径向切削时损坏刀具,要减小外圆车刀的副偏角，选用 SANDVIK（山特维克）刀具系统，刀具及切削用量见表 5-14。

表 5-14　　　　　刀具及切削用量

工序	刀号	刀杆规格	刀片规格	加工内容	主轴转速（r/min）	背吃刀量（mm）	进给量（mm/r）
加工外圆	T01	DCLNR2525M09	CNMG090308-PM	粗、精车端面	800	2	0.3

4. 加工程序（见表 5-15）

表 5-15　　　　　加工程序

程序段号	程序内容	说明
N10	M03 S800;	主轴正转，转速 800 r/min
N20	T0101;	换 1 号刀（外圆刀）
N30	G00 X100 Z100;	快速移动至换刀点
N40	G00 X85 Z3;	快速移动至（85,3），设定为循环起始点
N50	G94 X30 Z-2 F0.3;	切削循环第一次，进给量 0.3 mm/r
N60	Z-4;	切削循环第二次
N70	Z-6;	切削循环第三次
N80	Z-8;	切削循环第四次
N90	Z-10;	切削循环第五次
N100	Z-12;	切削循环第六次
N110	Z-13.5;	切削循环第七次
N120	Z-14 F0.1;	精车端面完成加工，设定进给量 0.1 mm/r
N130	G00 X100 Z100;	快速退刀到换刀点

续表

程序段号	程序内容	说明
N140	M05;	主轴停止转动
N150	M30;	程序结束,返回开始位置

5. 上机加工

本次加工选用 FANUC Oi Mate-TC 系统数控车床,采用三爪自定心卡盘装夹。操作步骤如下。

(1) 机床通电,进入系统。

(2) 回参考点,建立机床坐标系。

(3) 安装刀具:主偏角 93°外圆车刀。

(4) 装夹毛坯。将 $\phi 80$ mm 棒料装夹在三爪自定心卡盘上。

(5) 将加工程序输入机床。

(6) 程序校验。

(7) 对刀。通过试切法建立工件坐标系。

(8) 自动运行模式下选择循环启动,完成零件加工。

6. 检测控制

(1) 测量工具。根据零件结构选择游标卡尺进行测量,见表 5-16。

表 5-16　　　　测量工具列表

量具种类	量具图样	精度及应用
游标卡尺		测量精度为 0.02 mm,是常用的外圆直径及长度测量量具。此外还有带表游标卡尺和数显游标卡尺,测量精度较高

(2)操作评价记录表(见表 5-17,合格标"√",不合格标"×")。

表 5-17　　　　　　　操作评价记录表

序号	名称	项目及技术要求	检测记录
1	主要尺寸	$\phi 30$ mm	
2		$\phi 80$ mm	
3		长度 16 mm	
4		长度 30 mm	
5	主观检查	已加工零件去毛刺是否符合图样要求	
6		已加工零件是否有划伤、碰伤和夹伤	
7		已加工零件与图样要求的一致性	
8	更换毛坯	是否更换毛坯(是/否)	
9	职业素养要求	能正确穿戴工作服、工作鞋、安全帽等劳动防护用品	
10		能按机床使用规范正确进行开关机、对刀等基本操作	
11		能规范使用及保养工具、量具和辅具	
12		能做好设备清洁、保养工作	

7. 质量分析

数控加工端面经常遇到多种加工误差,其问题现象、产生原因、预防和消除措施见表 5-18。

表 5-18　　　　　　　盘类零件误差分析表

问题现象	产生原因	预防和消除措施
端面尺寸超差	(1)对刀测量不准 (2)粗车结束未进行测量调整	(1)对刀时认真测量 (2)粗车结束测量,补偿误差

续表

问题现象	产生原因	预防和消除措施
端面车削不平	（1）刀具几何角度不合理 （2）刀具磨损	（1）合理选择刀具 （2）及时更换刀片

模块 4　外圆弧面的加工

【学习目标】

1. 掌握圆弧插补指令及应用。
2. 掌握外圆弧面零件车削方法。
3. 掌握应用磨耗值加工零件的方法。
4. 掌握成形面类零件工艺路线的拟定方法。

一、圆弧面零件的加工工艺要求

车削圆弧时，当余量较大时，若采用一刀成形将圆弧加工出来，由于背吃刀量太大，容易扎刀。因此，实际车削圆弧时需要多刀粗加工，先切除较大的余量，再精车得到所需要的圆弧。

下面分析圆弧的加工工艺路线。

1. 阶梯切削路线

图 5-16 所示为车圆弧的阶梯形切削路线，即先粗车成阶梯形状，最后一刀精车出圆弧。该方法在确定了每次吃刀量 a_p 后，需精确算出粗车的终刀距 S，即求圆弧与直线的交点。此方法中刀具切削距离运动较短，但计算较烦琐。

2. 同心圆弧切削路线

图 5-17a 所示为车圆弧的同心圆弧切削路线，即沿不同的半径

圆来车削，最后将所需圆弧加工出来。此方法在确定了每次背吃刀量 a_p 后，对 90°圆弧的起点、终点坐标比较容易确定，数值计算简单、编程方便，因此常被采用。但用图 5-17b 所示的路线加工时，空行程较长。

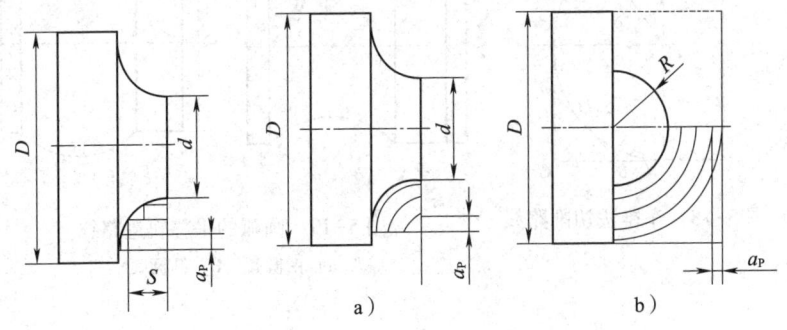

图 5-16　阶梯切削路线　　图 5-17　同心圆弧切削路线
　　　　　　　　　　　　　　a）凹圆弧　b）凸圆弧

3. 车锥法切削路线

如图 5-18 所示为车圆弧的车锥法切削路线，即先车一个圆锥，再车圆弧。但要注意车圆锥时起点和终点的确定，基点确定不好，则可能损坏圆锥表面，也可能将余量留得过大。连接 OC 交圆弧于 D，过 D 点作圆弧的切线 AB。由几何关系可知 $CD = OC - OD = 0.414R$，此为车锥时的最大切削余量，即车锥时的加工路线不能超过 AB 线。由图示关系，可得 $AC = BC = 0.5R$。此方法计算比较烦琐，但刀具切削线路较短。

4. 圆弧的平移轨迹路线

图 5-19 所示为车削圆弧的平移轨迹路线，即在加工圆弧时，根据圆弧总切削深度和背吃刀量综合考虑，将圆弧起点和终点同时向外平移，圆弧半径不变。此方法在加工时计算简单，但有空刀。图 5-19a 所示为凹圆弧平移轨迹加工路线，图 5-19b 所示为凸圆弧

平移轨迹加工路线。

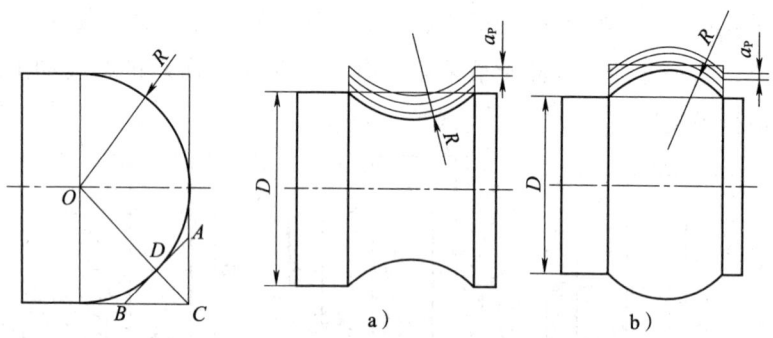

图 5-18　车锥法切削路线

图 5-19　圆弧的平移轨迹路线
a）凹圆弧　b）凸圆弧

二、编程指令

1. G02/G03 顺/逆圆弧加工插补指令

（1）指令格式

G02　X(U)＿＿＿　Z(W)＿＿＿　(I＿＿K＿＿)　R＿＿＿　F＿＿＿；

G03　X(U)＿＿＿　Z(W)＿＿＿　(I＿＿K＿＿)　R＿＿＿　F＿＿＿；

说明：G02——顺时针圆弧加工指令；

G03——逆时针圆弧加工指令。

其中：

X、Z：绝对编程时目标点在零件坐标系中的坐标；

U、W：增量编程时目标点坐标的增量；

I、K：圆心坐标值（相对于圆弧起点的增量值）；

R：圆弧半径；

F：进给速度。

（2）指令功能。G02/G03 是模态代码，该指令是以顺时针或逆时针圆弧方式、给定的半径和指定的移动速率从当前位置移动到指定位置。

(3) 指令应用

1) 顺/逆圆弧的判断方法。图 5-20 所示零件外表面是由两段圆弧组成的，在编程中要正确区分圆弧的加工方向。

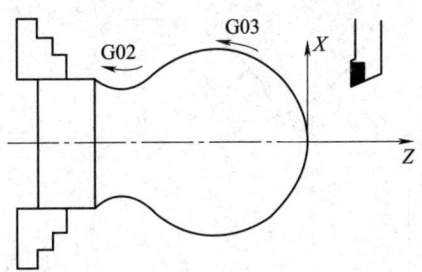

图 5-20　圆弧加工方向的判断

在数控车床上加工圆弧，使用圆弧插补指令 G02/G03，对圆弧顺/逆方向的判断按右手笛卡儿直角坐标系确定：沿圆弧所在平面（XOZ 平面）的垂直坐标轴的负方向（$-Y$）看刀具的轨迹旋转方向，顺时针方向为 G02，逆时针方向为 G03。

2) 加工圆弧前，刀具必须停到圆弧起点。

3) 用半径 R 指定圆心位置时，由于在同一半径 R 的情况下，从圆弧的起点到终点有两个圆弧的可能性（见图 5-21），为区别二者，规定：圆心角 $\alpha \leqslant 180°$ 时，图中的圆弧 1，R 取正值；圆心角 $\alpha > 180°$ 时，图中的圆弧 2，R 取负值。一般情况下，车床加工时不会出现 $\alpha > 180°$ 的圆弧。

2. G41/G42/G40——刀尖圆弧半径左补偿/右补偿/取消刀具半径补偿

(1) 指令格式

1) 刀尖圆弧半径左补偿/右补偿。

G41/G42　G01/G00　X(U)＿＿＿　Z(W)＿＿＿　F＿＿＿；

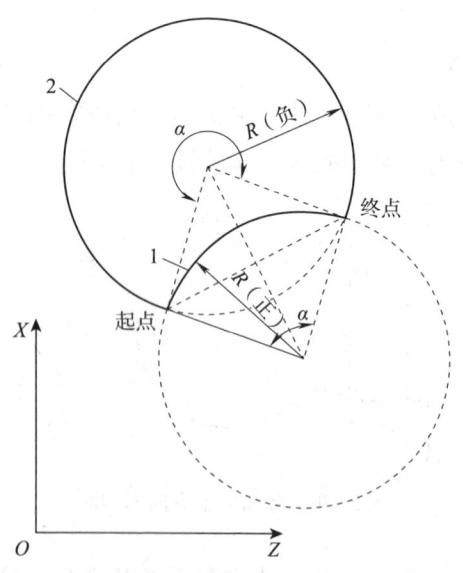

图 5-21 圆弧半径 R 值的正负判断

其中：

X、Z：绝对编程时目标点在零件坐标系中的坐标；

U、W：增量编程时目标点坐标的增量；

F：进给速度。

2) 取消刀具半径补偿（G40）。

（2）刀具半径补偿的原因。数控车床是按车刀刀尖对刀的，在实际加工中，由于刀具产生磨损及精加工时车刀刀尖磨成半径不大的圆弧，因此车刀的刀尖不可能绝对尖，总有一个小圆弧，所以对刀刀尖的位置是一个假想刀尖 A，如图 5-22 所示。编程时是按假想刀尖轨迹编程，即工件轮廓与假想刀尖 A 重合，车削时实际起作用的切削刃却是圆弧各切点，并不是理想刀尖 A 点。因此，就会造成"欠切"或"过切"现象，产生加工表面形状误差。

车内外圆柱、端面时无误差产生，实际切削刃的轨迹与工件轮廓轨迹一致。车锥面时，工件轮廓（编程轨迹）与实际形状（实际切削刃）有误差，如图5-23所示。同样，车削外圆弧面也产生误差，如图5-24所示。

若工件要求不高或留有精加工余量，可忽略此误差；否则应考虑刀尖圆弧半径对工件形状的影响。

为保持工件轮廓形状，加工时不允许刀具中心轨迹与被加工工件轮廓重合，而应与工件轮廓偏移一个半径值R，这种偏移称为刀尖半径补偿。采用刀尖半径补偿功能后，编程者仍按工件轮廓编程，数控系统计算刀尖轨迹，并按刀尖轨迹运动，从而消除了刀尖圆弧半径对工件形状的影响，如图5-25所示。

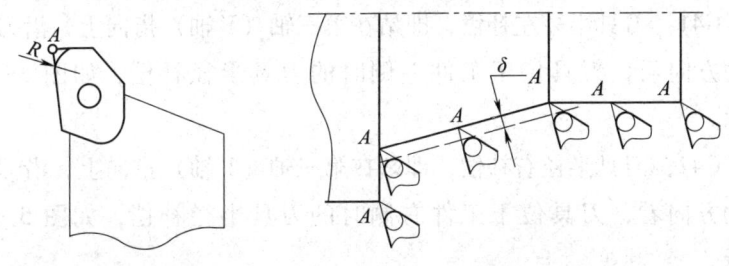

图5-22 刀尖图   图5-23 车削圆锥产生的误差

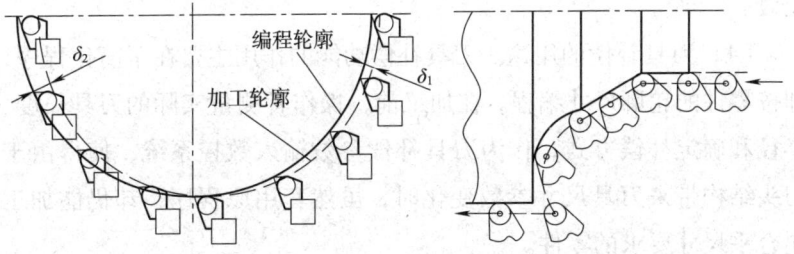

图5-24 车削外圆弧面产生的误差   图5-25 半径补偿后的刀具轨迹

一般数控装置都有刀具半径补偿功能，为编制程序提供了方便。有刀具半径补偿功能的数控系统编制零件加工程序时，不需要计算刀具中心运动轨迹，而只按零件轮廓编程。使用刀具半径补偿指令，并在控制面板上手工输入刀尖圆弧半径，数控装置便能自动地计算出刀具中心轨迹，并按刀具中心轨迹运动。即执行刀具半径补偿后，刀具自动偏离工件轮廓一个刀具半径值，从而加工出所要求的工件轮廓。

当刀具磨损或刀具重磨后，刀具半径变小，这时只需手工输入改变后的刀具半径，而不需要修改已编好的程序。

（3）刀具半径补偿方式的判定。刀尖圆弧半径补偿是通过 G41、G42、G40 代码及 T 代码指定的刀尖圆弧半径补偿号，加入或取消半径补偿。

G41：刀具半径左补偿，即站在第三轴（Y 轴）指向上，沿刀具运动方向看，刀具位于工件左侧时的刀具半径补偿，如图 5-26 所示。

G42：刀具半径右补偿，即站在第三轴（Y 轴）指向上，沿刀具运动方向看，刀具位于工件右侧时的刀具半径补偿，如图 5-26 所示。

G40：刀具半径补偿取消，即使用该指令后，使 G41、G42 指令无效。

（4）刀具补偿的用途。刀具补偿功能的作用主要在于简化程序，即按零件的轮廓尺寸编程。在加工前，操作者测量实际的刀具长度、半径和确定补偿方式，作为刀具补偿参数输入数控系统，使得由于刀头结构带来刀具尺寸参数变化时，虽然套用原程序，却仍能加工出合乎尺寸要求的零件。

（5）刀尖方位号。刀尖半径补偿量 R 和刀尖方位号如图 5-27 所示，可以用面板上的功能键 OFFSET 设定、修改并输入 CNC 刀具补偿寄存器中，如图 5-28 所示。

第 5 单元 零件的数控车床加工

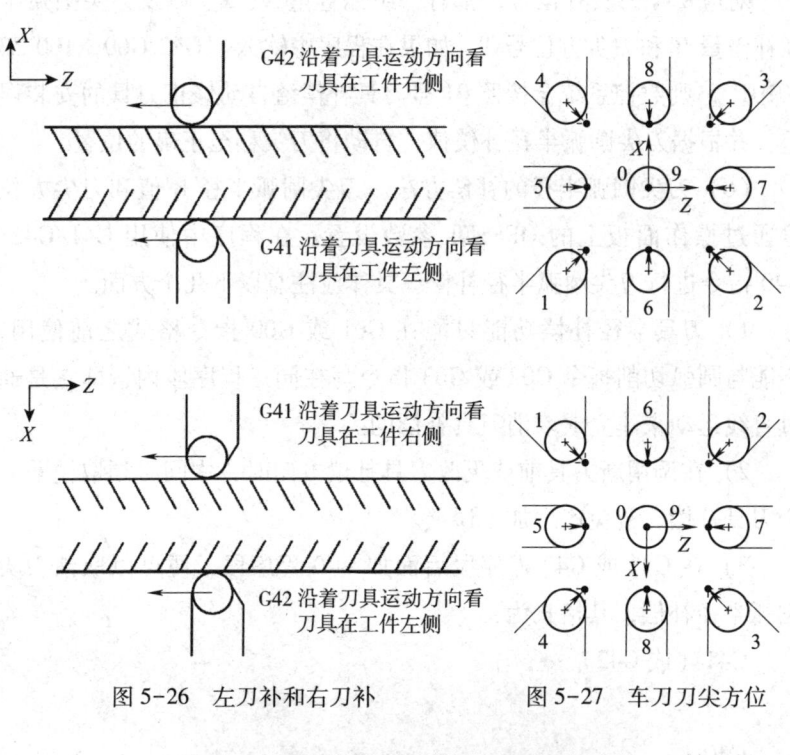

图 5-26 左刀补和右刀补　　　　图 5-27 车刀刀尖方位

图 5-28 设定刀尖圆弧半径补偿量 R 和刀尖方位号 T

· 181 ·

对应每个刀具补偿号，都有一组偏置量 X、Z，以及刀尖圆弧半径补偿量 R 和刀尖方位号 T。如果在程序中输入"G42 G00 X100 Z3 T0101"，则数控系统会按照 01 号刀具补偿值自动修正刀具的安装误差，并根据刀尖圆弧半径补偿值，自动将刀尖移至正确的位置。

(6) 刀尖圆弧半径的补偿方法。刀尖圆弧半径 R 值和刀尖方位号通过操作面板上的 OFFSET 参数设置。在程序中使用 G41/G42/G40 指令进行刀尖圆弧半径补偿。具体应注意以下几个方面。

1) 刀具半径补偿功能只能在 G01 或 G00 指令格式之前使用，不能与圆弧切削指令 G02 或 G03 指令写在同一程序段内，即它是通过直线运动来建立或取消刀具补偿的。

2) 在调用新刀具前或更改刀具补偿方向时，中间必须取消前一个刀具补偿，避免产生加工误差。

3) 在 G41 或 G42 程序段后面加 G40 程序段，便可以取消刀尖圆弧半径补偿，其格式为：

G41（或 G42）…；

…

G40…；

程序的最后必须以取消偏置状态结束，否则刀具不能在终点定位，而是停在与终点位置偏移一个矢量的位置上。

4) G41、G42、G40 是模态代码。

5) 在 G41 方式中，不能再指定 G42 方式，否则补偿会出错；同样在 G42 方式中，不能再指定 G41 方式。

6) 在使用 G41 和 G42 之后的程序中，不能出现连续两个或两个以上的不移动指令，否则 G41 和 G42 指令会失效。

7) 正确使用半径补偿的关键就在于能够应用右手笛卡儿直角坐标系正确判断出 Y 轴的方向，进而作出补偿判断。

8) 刀具半径补偿功能在粗加工复合循环（如 G71、G73）中无效。

9) G41/G42 不带参数,其补偿号(代表所用刀具对应的刀尖半径补偿值)由 T 代码指定,其刀尖圆弧补偿号与刀具偏置补偿号对应。

3. 磨耗的使用

(1) 采用磨耗的原因。刀具在切削过程中,刀尖会随着切削的进行而逐渐磨损。当加工精度要求比较高时,刀尖的磨损会影响加工的精度,因而引进刀具磨耗的概念,以弥补刀尖磨损引起的加工误差。

(2) 磨耗值的计算方法。在粗加工之后、精加工之前测量出工件的实际尺寸,再依据下面公式计算磨耗值。

$$磨耗值 = 理论值 + 精加工余量 - 实际尺寸$$

(3) 磨耗值的输入方法。点击程序输入面板"OFFSET"按键,再点击显示屏左下方的"磨损"按键,在对应的刀具顺序号中输入计算的磨耗值,完成对刀具磨耗的设定。

(4) 磨耗值在使用时,需要注意以下几点。

1) 在 FANUC 数控系统中,磨耗值输入的位置是"偏置"中的"磨损",而对刀输入的位置是"偏置"中的"外形",一定要注意区分,避免因输入错误而更改了原本正确的刀具偏置数值。

2) 磨耗值带有正负号,不可忽略。

3) 由于磨耗值可以作为移动工件坐标系的方法之一,因此在精加工轨迹的基础上应用磨耗值,也可以完成对工件轮廓的加工及对工件尺寸的控制。

三、工作任务

如图 5-29 所示为密封瓶塞零件,由圆弧和台阶面构成,外圆尺寸精度较低,未注公差。使用 FANUC Oi Mate-TC 系统数控车床完成该零件的加工。工件材料为45#，毛坯料为φ30 mm 棒料，应用插补G 指令和磨耗调整完成密封瓶塞零件加工。

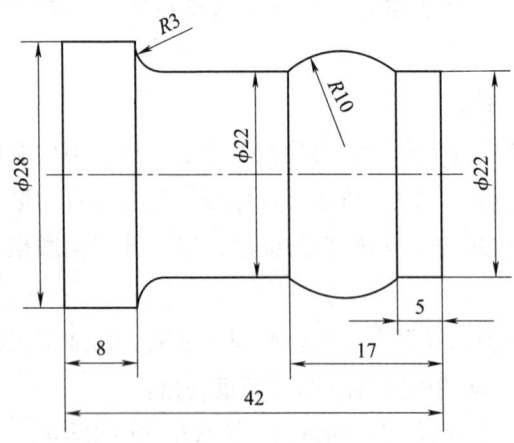

图 5-29 密封瓶塞

四、任务实施

1. 工艺分析

（1）工序内容。由于圆弧加工时刀具切深量比较大，因此采用多次切削的方法完成零件的加工，工艺路线见表 5-19。

表 5-19　　　　　　　　　　工艺路线

操作步骤	加工简图
（1）夹持工件，用钢尺测量伸出部分满足加工需要；对刀后先输入磨耗"U+8"加工外圆轮廓；之后每次输入磨耗"U-2"，最后留精加工余量 2 mm；加工轨迹如图样所示	

续表

操作步骤	加工简图
（2）精加工外轮廓至零件图样尺寸	

（2）确定刀具。选用93°外圆车刀作为1号刀具进行加工。

（3）装夹方案。由于毛坯为棒料，用三爪自定心卡盘夹紧定位，伸出长度要大于切削长度（见图5-30，伸出50 mm）。为了加工思路清晰，加工起点定在毛坯边缘，换刀点定在（100，100）位置。

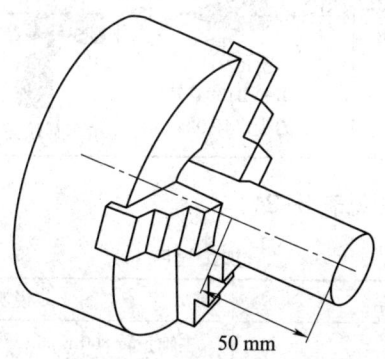

图5-30 毛坯装夹示意图

2. 数值计算

设置循环起始点（32，2），精加工轮廓轨迹依次需要点（22，2）（22，-5）（22，-17）（22，-31）（28，-34）（28，-42）和（32，-42）。

3. 选择刀具及切削用量

加工带圆弧的成形面类零件，为防止车削圆弧面时产生过切情况，要增大外圆车刀的副偏角。刀具及切削用量见表5-20。

表 5-20 刀具及切削用量

工序	刀号	刀杆规格	刀片规格	加工内容	主轴转速 (r/min)	背吃刀量 (mm)	进给量 (mm/r)
加工外圆	T01		VBMT 16 04 08-MR 刀尖半径 0.8	粗车圆弧面	800	2	0.3
	T02	TR-V13JBR 2525M 93°主偏角	TR-VB1304-F 刀尖半径 0.4	精车圆弧面	1 200	0.5	0.15

4. 加工程序（见表 5-21）

表 5-21 加工程序

程序内容	说明
M03 S800；	主轴正转 800 r/min
T0101；	换 1 号刀（外圆刀）
G00 X100 Z100；	定位至换刀校验点
G00 X32 Z2；	定位至（32，2），设定为循环起始点
G00 X22.05；	快速接近工件
G01 Z-5 F0.3；	粗加工 $\phi22$ mm 外圆
G03 Z-17 R10；	粗加工 $R10$ mm 圆弧
G01 Z-31；	粗加工 $\phi22$ mm 外圆
G02 X28.05 Z-34 R3；	粗加工 $R3$ mm 圆弧
G01 Z-46；	粗加工 $\phi28$ mm 外圆
X32；	X 方向退刀

续表

程序内容	说明
G00 Z2;	Z方向退刀返回循环起始点
G00 X100 Z100;	返回至换刀点
T0202;	换2号刀
M03 S1200	主轴提速1 200 r/min
G42 G00 X22;	加刀补
G01 Z-5 F0.15;	精加工
G03 Z-17 R10;	
G01 Z-31;	
G02 X28 Z-34 R3;	
G01 Z-46;	
X32;	
G40 G00 Z2;	取消刀补
G00 X100 Z100;	
M05;	主轴停转
M30;	程序结束并返回

5. 上机加工

本次加工选用FANUC Oi Mate-TC系统数控车床，采用三爪自定心卡盘装夹。操作步骤如下。

（1）机床通电，进入系统。

（2）回参考点，建立机床坐标系。

（3）安装刀具：主偏角93°外圆车刀。

（4）装夹毛坯。将ϕ30 mm棒料装夹在三爪自定心卡盘上，伸出卡盘长度50 mm。

（5）将加工程序输入机床。

（6）程序校验。

（7）对刀。通过试切法建立工件坐标系。

(8)自动运行模式下选择循环启动,完成零件加工(加工过程要使用磨耗完成)。

6. 检测控制

(1)测量工具。根据零件结构选择游标卡尺测量外径,使用 R 规进行圆弧部分检测,见表 5-22。

表 5-22 测量工具列表

量具种类	量具图样	精度及应用
游标卡尺		测量精度为 0.02 mm,是常用的外圆直径及长度测量量具。此外还有带表游标卡尺和数显游标卡尺,测量精度较高
R 规		R 规是一种利用光隙法测量半径的工具。测量面必须紧贴工件的圆弧,不允许有间隙存在。首先通过目测估计工件的圆弧半径,然后选择合适的半径样板进行试测

(2)操作评价记录表(见表 5-23,合格标"√",不合格标"×")。

表 5-23 操作评价记录表

序号	名称	项目及技术要求	检测记录
1	主要尺寸	ϕ22 mm	
2		ϕ28 mm	
3		长度 5 mm	
4		长度 8 mm	
5		长度 42 mm	

续表

序号	名称	项目及技术要求	检测记录
6	次要尺寸	半径 $R10$ mm	
7		半径 $R3$ mm	
8	主观检查	已加工零件去毛刺是否符合图样要求	
9		已加工零件是否有划伤、碰伤和夹伤	
10		已加工零件与图样要求的一致性	
11	更换毛坯	是否更换毛坯（是/否）	
12	职业素养要求	能正确穿戴工作服、工作鞋、安全帽等劳动防护用品	
13		能按机床使用规范正确进行开关机、对刀等基本操作	
14		能规范使用及保养工具、量具和辅具	
15		能做好设备清洁、保养工作	

7. 质量分析

数控加工圆弧面经常遇到多种加工误差，其问题现象、产生原因、预防和消除措施见表 5-24。

表 5-24　外圆弧面零件加工误差产生原因和消除措施

问题现象	产生原因	预防和消除措施
工件外圆尺寸超差	(1) 刀具参数不准确 (2) 切削用量选择不当 (3) 程序错误 (4) 工件尺寸计算错误	(1) 调整或重新设定刀具参数 (2) 合理选择切削用量 (3) 检查、修改程序 (4) 正确计算工件尺寸
外圆表面粗糙度差	(1) 切削速度太低 (2) 安装刀具高于中心 (3) 切屑缠绕工件表面 (4) 刀具磨损 (5) 切削液选择不合理	(1) 选择较高的主轴转速 (2) 调整刀具高度 (3) 选择合理的进刀方式和切深 (4) 及时更换刀具或刀片 (5) 正确选择切削液

续表

问题现象	产生原因	预防和消除措施
圆弧面超差	(1) 编程错误 (2) 未正确使用刀尖圆弧半径补偿	(1) 检查并修改程序 (2) 正确使用刀尖圆弧半径补偿
工件圆度超差或产生锥度	(1) 车床主轴间隙过大 (2) 程序错误	(1) 调整车床主轴间隙 (2) 检查、修改程序

模块 5 外圆粗车复合循环 G71/G70 的应用

【学习目标】

1. 掌握复合循环粗加工指令 G71 和精加工指令 G70 的使用方法。

2. 能合理选择粗、精加工外轮廓参数。

3. 具备加工一般轴类零件达到一定精度要求的能力。

一、G71 外圆粗车复合循环指令特点

外圆粗车复合循环指令适合切除棒料毛坯的大部分加工余量，主要用于径向尺寸要求比较高、轴向尺寸大于径向尺寸的毛坯工件进行粗车。

应用 G71 循环粗加工时，粗加工轮廓起始段必须是 X 轴单方向运动，不可以有 Z 轴动作，否则产生程序报警，程序不能执行；轮廓形状在平面构成轴（Z 轴、X 轴）方向上必须是单调增加或单调减小。

G71 指令将工件切削至精加工之前的尺寸，其形状及刀具路径由系统根据工件外轮廓自动设定。刀具循环轨迹如图 5-31 所示，A

为循环起点，A' 为精加工路线起点，B 为精加工路线的终点。在程序中，给出 $A \to A' \to B$ 之间的精加工形状，用 Δd 表示在指定的区域中每次进刀的切削深度，用 e 表示每次退刀时沿径向离开工件的距离，留出 $\Delta u/2$ 和 Δw 的精加工余量。

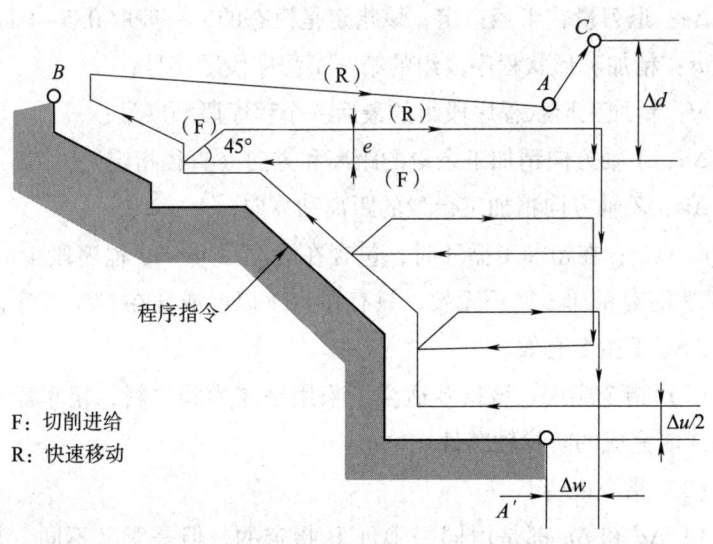

图 5-31 外圆粗车复合循环轨迹

二、编程指令

1. 复合循环加工指令

G71 指令采用复合固定循环需设置一个循环起点，刀具按照数控系统安排的路径一层一层按照直线插补形式分刀车削成阶梯形状，最后沿着粗车轮廓车削一刀，返回到循环起点完成粗车循环。

2. G71 复合循环粗加工指令

（1）指令格式

G71　U（Δd）　R（Δe）;

G71 P(ns) Q(nf) U(Δu) W(Δw) F(f) S(s) T(t);

其中：

Δd：切深量。无正负号，半径指定，切入方向由循环起点决定；

Δe：退刀量，半径指定，该指定是模态的，一般取 0.5~1 mm；

ns：精加工形状程序段组的第一个程序段顺序号；

nf：精加工形状程序段组的最后一个程序段顺序号；

Δu：X 轴方向精加工余量的距离和方向（直径指定）；

Δw：Z 轴方向精加工余量的距离和方向；

f、s、t：在粗加工循环时，包含在顺序号 ns~nf 程序段中的 F、S、T 功能对粗加工循环无效，只有在 G71 以前或含在 G71 程序段中的 F、S、T 指令有效。

（2）指令应用。该指令适合于采用毛坯为圆棒料，粗车需多次走刀才能完成的阶梯轴零件。

（3）指令说明

1）Δd 和 Δu 都是由同一地址 U 指定的，但是意义不同，其区分是该程序段中有无地址 P、Q。

2）粗车加工循环是带有地址 P 和 Q 的第二段 G71 指令实现的。在 A 点和 B 点间运动指令中指定的 F、S、T 功能对粗加工循环是无效的，只有在 G71 以前或含在 G71 程序段中指定的 F、S、T 功能有效。

3）当用恒表面切削速度控制主轴时，在 A 点和 B 点间运动指令中指定的 G96 或 G97 无效，而在 G71 程序段或以前的程序段中指定的 G96 或 G97 有效。

4）用 G71 切削的形状有四种情况，无论哪种情况都是以刀具平行于 Z 轴移动进行切削的，精加工余量 Δu 和 Δw 的符号如图 5-32 所示。

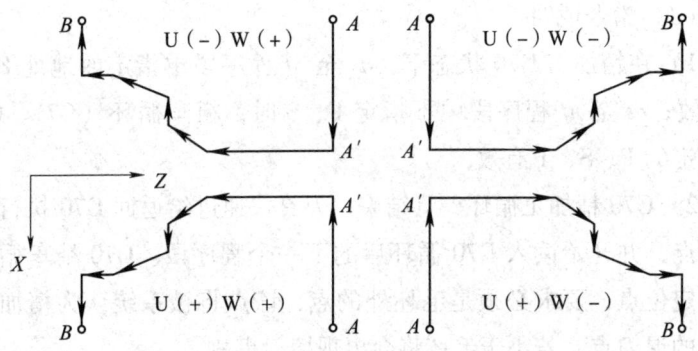

图 5-32　G71 四种切削方式

5) A 和 A' 之间的刀具轨迹是在包含 G00 或 G01 序号为"ns"的程序段中指定的，并且在这个程序段中不能指定 Z 轴的运动指令。A 和 B 之间的刀具轨迹在 X、Z 方向必须逐渐增加或减少。当 A 和 A' 之间的刀具轨迹用 G00 或 G01 编程时，沿 AA'（X 轴）的切削是在 G00 或 G01 方式下完成的。

6) 不能从顺序号 ns 到 nf 的程序段中调出子程序。

7) G71 循环前的定位点必须是毛坯以外并且靠近工件毛坯的点，该点会被用于确定毛坯的大小，即从该点起开始粗加工。

8) G71 循环结束后，刀具就返回 G71 执行前的那个循环起点。

3. G70 精加工循环指令

(1) 指令格式

G70　P（ns）　Q（nf）；

其中：

ns：精加工形状程序段组的第一个程序段顺序号；

nf：精加工形状程序段的最后一个程序段顺序号。

(2) 指令应用。该指令用于去除精加工余量的循环程序。

(3) 指令说明

1) 在精加工 G70 状态下，ns 至 nf 程序段中指定的地址 F、S、T 有效；ns 至 nf 程序段中不指定 F、S 时，粗车循环（G71、G73）中指定的 F、S、T 有效。

2) G70 精加工循环一旦结束，刀具快速进给返回 G70 执行前的起始点，并开始读入 G70 循环后的下一个程序段。G70 精车循环之前的定位点，要求必须是毛坯外的点，该点将被系统认为精加工结束后的退刀点，若小于毛坯将会出现撞刀事故。

3) 在 G70 被使用的顺序号 ns ~ nf 程序段中，不能调用子程序。

三、工作任务

应用 G71 指令完成图 5-33 所示异形固定顶尖零件加工，毛坯为 $\phi 40$ mm×110 mm 棒料。

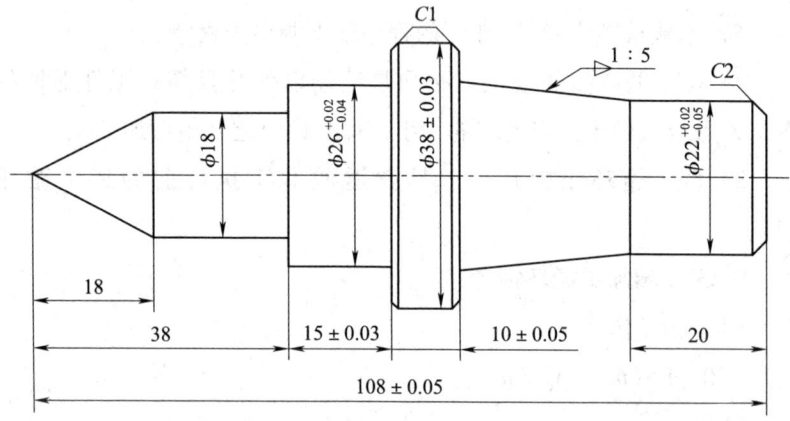

图 5-33 异形固定顶尖

四、任务实施

1. 工艺分析（见表 5-25）

表 5-25　　　　　工艺路线

操作步骤	加工简图
（1）选择三爪自定心卡盘夹持 ϕ40 mm 毛坯外圆，伸出 70 mm。粗加工外圆至 ϕ38 mm 台阶，留精加工余量 2 mm	
（2）精加工左端外轮廓至零件图样尺寸	
（3）调头装夹，夹持 ϕ26 mm 外圆，粗加工外圆 ϕ38 mm 倒角处，留精加工余量 2 mm	
（4）精加工右端外轮廓至零件图样尺寸	

2. 数值计算

图 5-33 中右侧锥面大径数值需要求解，锥度公式 $C=(D-d)/L$，可以计算得到零件右端圆锥部分的圆锥大径为 27 mm，则此点在右端轮廓加工时的编程坐标点为（27，-45）。

>  小知识
>
> **圆锥尺寸的计算**
>
> 锥度是圆锥最大直径和最小直径差值与圆锥长度的比值，即

$$C=(D-d)/L$$

式中：C——圆锥的锥度；

D——圆锥的最大直径；

d——圆锥的最小直径；

L——圆锥的长度。

3. 选择刀具及切削用量

根据零件加工特点选择外圆车刀，刀具及切削用量见表5-26。

表5-26　　　　　刀具及切削用量

工序	刀号	刀杆规格	刀片规格	加工内容	主轴转速（r/min）	背吃刀量（mm）	进给量（mm/r）
加工外圆	T01	 DCLNR2525M09	 CNMG090308-PM	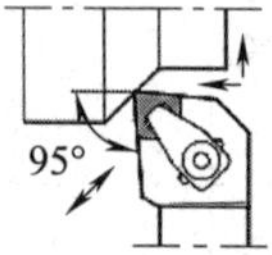 粗车锥面	800	2	0.3
	T02		 CCMT090304-PF	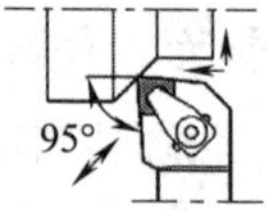 精车锥面	1 200	1	0.15

4. 加工程序（见表 5-27 和表 5-28）

表 5-27　　　　　　　　加工程序 1

程序段号	操作步骤 1、2 程序内容	说明
N1	M03 S800;	主轴正转 800 r/min
	T0101;	换 1 号外圆刀
	G00 X100 Z100;	定位至换刀校验点
	G00 X42 Z2;	定位至（42，2），设定为循环起始点
	G71 U2 R1;	外圆粗车复合循环
	G71 P1 Q2 U2 W0 F0.3;	
	G42 G00 X-2;	精加工起始段，加入刀具半径右补偿
	G01 X18 Z-18 F0.15;	
	Z-38;	
	X26;	
	Z-53;	
	X36;	
	X38 Z-54;	
	Z-64;	
N2	X42;	精加工结束段
	G00 X100 Z100;	
	T0202;	换 2 号刀
	M03 S1200;	主轴提速 1 200 r/min
	G04 X1;	暂停 1 s
	G70 P1 Q2;	精加工指令
	G40;	刀具半径补偿取消
	G00 X100 Z100;	返回换刀校验点
	M05;	主轴停止
	M30;	程序结束并返回

表 5-28　　　　　　　　加工程序 2

程序段号	操作步骤 3、4 程序内容	说明
	M03 S800;	主轴正转 800 r/min
	T0101;	换 1 号外圆刀
	G00 X100 Z100;	定位至换刀校验点
	G00 X42 Z2;	定位至 (42, 2), 设定为循环起始点
	G71 U2 R1;	外圆粗车复合循环
	G71 P1 Q2 U2 W0 F0.3;	
N1	G42 G00 X14;	精加工起始段, 加入刀具半径右补偿
	G01 X22 Z-2 F0.15;	
	Z-20;	
	X27 Z-45;	
	X36;	
	X40 Z-47;	
N2	X42;	精加工结束段
	T0202;	换 2 号刀
	M03 S1200;	主轴提速 1 200 r/min
	G04 X1;	暂停 1 s
	G70 P1 Q2;	精加工指令
	G40;	刀具半径补偿取消
	G00 X100 Z100;	返回换刀校验点
	M05;	主轴停止
	M30;	程序结束并返回

5. 上机加工

本次加工选用 FANUC 0i Mate-TC 系统数控车床，采用三爪自定心卡盘装夹。操作步骤如下。

（1）机床通电，进入系统。

（2）回参考点，建立机床坐标系。

（3）安装刀具：主偏角 95°外圆车刀。

(4) 装夹毛坯。将 φ40 mm 棒料装夹在三爪自定心卡盘上，伸出卡盘长度 70 mm。

(5) 将加工程序输入机床。

(6) 程序校验。

(7) 对刀。通过试切法建立工件坐标系。

注意：要在这个环节将刀尖半径补偿和刀位号输入刀偏表中。

(8) 自动运行模式下选择循环启动，完成零件一侧加工。

(9) 掉头装夹，重复（5）～（8）步骤，完成零件另一侧加工。

6. 检测控制

(1) 测量工具。根据零件精度要求，选用游标卡尺进行长度测量，选用外径千分尺进行外径测量，选用万能角度尺测量圆锥角度，见表 5-29。

表 5-29　　　　　　　测量工具列表

量具种类	量具图样	精度及应用
游标卡尺		测量精度为 0.02 mm，是常用的外圆直径及长度测量量具。此外还有带表游标卡尺和数显游标卡尺，测量精度较高
外径千分尺		测量精度高，可达 0.01 mm；有 0~25 mm、25~50 mm、50~75 mm 等多种规格
万能角度尺		能测 0~320° 范围角度，测量精度 2′。用于单件或批量生产零件圆锥角度测量

(2) 操作评价记录表（见表 5-30，合格标"√"，不合格标"×"）。

表 5-30 操作评价记录表

序号	名称	配分	项目及技术要求	评分标准	检测记录	得分
1	主要尺寸 (66 分)	15	$\phi 22^{+0.02}_{-0.05}$	每超差 0.02 扣 1 分		
2		10	$\phi 26^{+0.02}_{-0.04}$	每超差 0.02 扣 1 分		
3		15	$\phi 38\pm 0.03$	每超差 0.02 扣 1 分		
4		8	长度 10±0.05	每超差 0.02 扣 1 分		
5		10	长度 15±0.03	每超差 0.02 扣 1 分		
6		8	长度 108±0.05	每超差 0.02 扣 1 分		
7	次要尺寸 (14 分)	8	锥度	不合格不得分		
8		6	倒角 C1、C2	不合格不得分		
9	主观评分 (20 分)	6	已加工零件去毛刺是否符合图样要求			
10		8	已加工零件是否有划伤、碰伤和夹伤			
11		6	已加工零件与图样要求的一致性			
12	更换毛坯 (扣 3 分)	0	是否更换毛坯（是/否）			
13	职业素养 扣分	0	能正确穿戴工作服、工作鞋、安全帽等劳动防护用品。每违反一项，扣 2 分			
14			能按机床使用规范正确进行开关机、对刀等基本操作。每误操作一次，扣 2 分			
15			能规范使用及保养工具、量具和辅具。每违规操作一次，扣 2 分			
16			能做好设备清洁、保养工作。不清洁、不保养，扣 3 分；保养不彻底，扣 2 分			
总配分		100	总得分			

7. 质量分析

数控加工轴类零件经常遇到多种加工误差，其问题现象、产生原因、预防和消除措施见表 5-31。

表 5-31　　　轴类零件加工误差产生原因和消除措施

问题现象	产生原因	预防和消除措施
工件外圆尺寸超差	(1) 刀具参数不准确 (2) 切削用量选择不当 (3) 程序错误 (4) 工件尺寸计算错误	(1) 调整或重新设定刀具参数 (2) 合理选择切削用量 (3) 检查、修改程序 (4) 正确计算工件尺寸
外圆表面粗糙度差	(1) 切削速度太低 (2) 安装刀具高于中心 (3) 切屑缠绕工件表面 (4) 刀具磨损 (5) 切削液选择不合理	(1) 选择较高的主轴转速 (2) 调整刀具高度 (3) 选择合理的进刀方式和切深 (4) 及时更换刀具或刀片 (5) 正确选择切削液
台阶处不清角	(1) 程序错误 (2) 刀具选择错误 (3) 刀具损坏	(1) 检查、修改程序 (2) 正确选择加工刀具 (3) 更换刀片
加工时扎刀致工件报废	(1) 进给量过大 (2) 切屑阻塞 (3) 工件安装不合理 (4) 刀具角度选择不合理	(1) 降低进给速度 (2) 采用断、退屑方式切入 (3) 检查工件安装,增加刚性 (4) 正确安装刀具
台阶端面出现倾斜	(1) 程序错误 (2) 车刀安装不正确	(1) 检查、修改程序 (2) 正确安装刀具
工件圆度超差或产生锥度	(1) 车床主轴间隙过大 (2) 程序错误	(1) 调整车床主轴间隙 (2) 检查、修改程序

模块 6　封闭切削复合循环 G73/G70 的应用

【学习目标】

1. 理解 G73 封闭切削复合循环指令加工特点。
2. 掌握运用 G73 复合循环指令加工工件的方法。

一、G73 复合循环指令加工特点

G73 复合循环，也叫作封闭切削循环。所谓型车（封闭切削循环），就是按照一定的切削形状逐渐地接近最终形状。利用该循环，可以按同一轨迹重复切削，每次切削刀具向前移动一次，用这种循环可对锻造和铸造等之前加工过的有基本形状的毛坯或已粗加工成形的工件进行切削。图 5-34 所示为刀具进给轨迹。

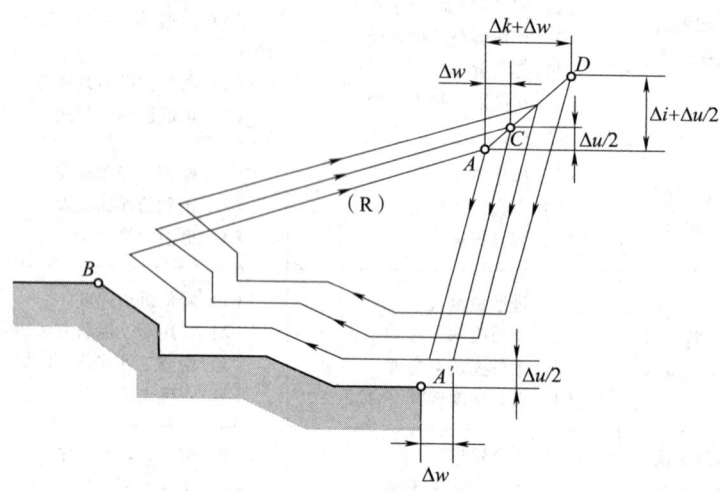

图 5-34 G73 复合循环轨迹

二、编程指令

1. 指令格式

G73 U (Δi) W (Δk) R (d);
G73 P (ns) Q (nf) U (Δu) W (Δw) F (f) S (s) T (t);

其中：

Δi：X 轴方向退刀的距离及方向（半径值指定），理论上它是毛坯半径与工件上最小半径之差；

Δk：Z 轴方向退刀距离及方向，一般情况取值 0~1 mm 或省略；

d：分割次数等于粗切削次数，即总切削深度除以直径最大单次切削深度；

ns：精加工形状程序段组的第一个程序段顺序号；

nf：精加工形状程序段组的最后一个程序段顺序号；

Δu：X 轴方向的精加工余量（直径值指定）；

Δw：Z 轴方向的精加工余量；

f、s、t：在 $ns \sim nf$ 中任何一个程序段上的地址 F、S、T 功能均无效，仅在含 G73 指令的程序段中地址 F、S、T 才有效。

2. 指令应用

G73 属于全能形复合加工循环，零件外轮廓无论是不是呈规则单调递增或递减，大部分都能加工。

3. 指令说明

（1）Δi、Δk、Δu 和 Δw 都用地址 U、W 指定，通过 G73 中的位置加以区别。

（2）G73 切削的形状也有四种情况，精加工余量 Δu 和 Δw 的符号与 G71 相同。

（3）G73 循环结束后，刀具返回 G73 执行前的循环起点。

（4）用 G73 加工的工件可以不受半径递增或递减的限制，与 G71 相比扩大了加工范围。

（5）G73 每一刀走的都是工件的轮廓形状，前期加工时空走刀时间比较长，因此车阶梯轴类零件时较 G71 加工时间长。

三、工作任务

应用 G73 指令完成图 5-35 所示球面阀芯零件加工，毛坯为 $\phi 40$ mm×90 mm 棒料。

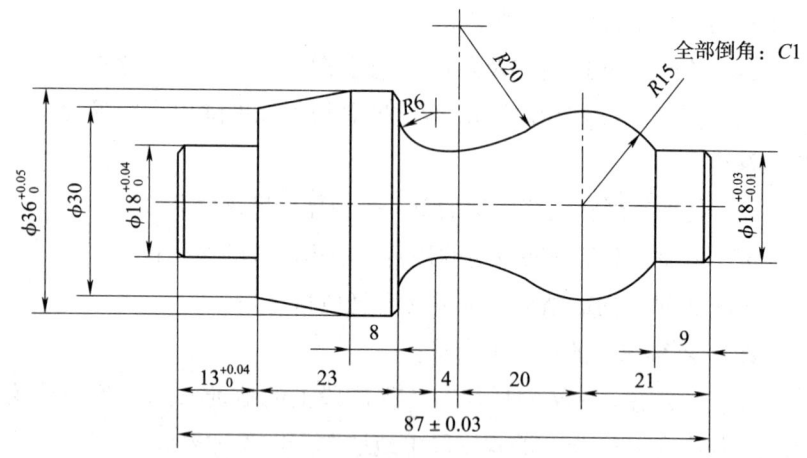

图 5-35 球面阀芯

四、任务实施

1. 工艺分析（见表 5-32）

表 5-32　　　　　　　　　工艺路线

操作步骤	加工简图
（1）夹持工件，伸出 42 mm；粗加工左端外圆轮廓，留精加工余量 1 mm	
（2）精加工左端外圆轮廓至零件图样尺寸	
（3）调头，夹持工件 $\phi 18$ mm 处，粗加工右端外圆轮廓，留精加工余量 3 mm	
（4）精加工右端外圆轮廓至零件图样尺寸	

2. 数值计算

如图 5-36 所示,在基点计算中,应用勾股定理和三角形相似可先后求得 E 点、F 点坐标,即 E(24.62,-29.57)、F(17.45,-41),其他基点坐标略。

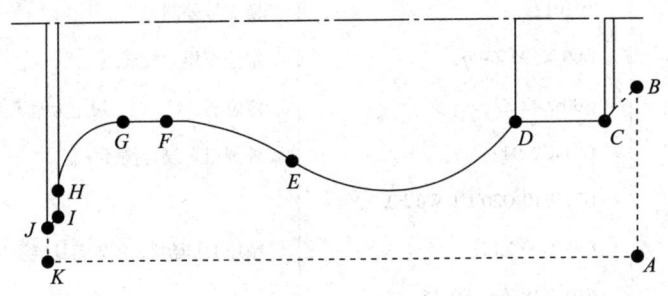

图 5-36 基点选定

3. 选择刀具及切削用量(见表 5-33)

表 5-33 刀具及切削用量

工序	刀号	刀杆规格	刀片规格	加工内容	主轴转速 (r/min)	背吃刀量 (mm)	进给量 (mm/r)
加工外圆	T01		VBMT 16 04 08-MR 刀尖半径 0.8	粗车圆弧面	800	2	0.3
	T02	TR-V13JBR 2525M 93°主偏角	TR-VB1304-F 刀尖半径 0.4	精车圆弧面	1 200	0.5	0.15

4. 加工程序（见表 5-34 和表 5-35）

表 5-34　　　　　　　　　加工程序 1

程序段号	操作步骤 1、2 程序内容	说明
	M03 S800;	主轴正转 800 r/min
	T0101;	换 1 号外圆刀
	G00 X100 Z100;	定位至换刀校验点
	G00 X42 Z2;	定位至（42，2），设定为循环起始点
	G71 U2 R1;	外圆粗车复合循环
	G71 P10 Q20 U1 W0 F0.3;	
N10	G42 G00 X12;	精加工起始段，加入刀具半径右补偿
	G01 X18 Z-1 F0.15;	
	Z-13;	
	G01 X30;	
	X36 Z-28;	
N20	Z-38;	
	X42;	精加工结束段
	G00 X100 Z100;	
	T0202;	换 2 号刀
	M03 S1200;	主轴提速 1 200 r/min
	G04 X1;	暂停 1 s
	G00 X42 Z2;	
	G70 P10 Q20;	精加工
	G40;	刀具半径补偿取消
	G00 X100 Z100;	返回换刀校验点
	M05;	主轴停止
	M30;	程序结束并返回

表 5-35　　　　　　　　加工程序 2

程序段号	操作步骤 3、4 程序内容	说明
	M03 S800;	主轴正转 800 r/min
	T0101;	换 1 号外圆刀
	G00 X100 Z100;	定位至换刀校验点
	G00 X42 Z2;	定位至 (42, 2)，设定为循环起始点
	G73 U10 R8;	封闭切削复合循环
	G73 P10 Q20 U3 W0 F0.3;	
N10	G42 G00 X12;	精加工起始段，加入刀具半径右补偿
	G01 X18 Z-1 F0.15;	
	Z-9;	
	G03 X24.62 Z-29.57 R15;	
	G02 X17.45 Z-41 R20;	
	G01 Z-45;	
	G02 X29.45 Z-51 R6;	
	G01 X34;	
	X38 Z-53;	
N20	X42;	精加工结束段
	G00 X100 Z100;	
	T0202;	换 2 号刀
	M03 S1200;	主轴提速 1 200 r/min
	G04 X1;	暂停 1 s
	G00 X42 Z2;	
	G70 P10 Q20;	精加工指令
	G40;	刀具半径补偿取消
	G00 X100 Z100;	返回换刀校验点
	M05;	主轴停止
	M30;	程序结束并返回

5. 上机加工

本次加工选用 FANUC 0i Mate-TC 系统数控车床，采用三爪自定心卡盘装夹。操作步骤如下。

（1）机床通电，进入系统。

（2）回参考点，建立机床坐标系。

（3）安装刀具：主偏角 93°外圆车刀。

（4）装夹毛坯。将 $\phi40$ mm 棒料装夹在三爪自定心卡盘上，伸出长度要大于加工零件长度，保证加工安全。

（5）将加工程序输入机床。

（6）程序校验。

（7）对刀。通过试切法建立工件坐标系。

注意：要在这个环节将刀尖半径补偿和刀位号输入刀偏表中。

（8）自动运行模式下选择循环启动，完成零件一侧加工。

（9）掉头装夹，重复步骤（5）~（8），完成零件另一侧加工。

6. 检测控制

（1）测量工具。根据零件精度要求，选择游标卡尺、外径千分尺和 R 规进行测量，见表 5-36。

表 5-36　　　　　测量工具列表

量具种类	量具图样	精度及应用
游标卡尺		测量精度为 0.02 mm，是常用的外圆直径及长度测量量具。此外还有带表游标卡尺和数显游标卡尺，测量精度较高

续表

量具种类	量具图样	精度及应用
外径千分尺		测量精度高,可达0.01 mm,有0~25 mm、25~50 mm、50~75 mm等多种规格
R规		R规是一种利用光隙法测量半径的工具。测量面必须紧贴工件的圆弧,不允许有间隙存在。首先通过目测估计工件的圆弧半径,然后选择合适的半径样板进行试测

(2) 操作评价记录表(见表5-37,合格标"√",不合格标"×")。

表5-37　　　　　　　操作评价记录表

序号	名称	配分	项目及技术要求	评分标准	检测记录	得分
1	主要尺寸(56分)	15	$\phi 18^{+0.03}_{-0.01}$	每超差0.02扣1分		
2		15	$\phi 18^{+0.04}_{0}$	每超差0.02扣1分		
3		10	$\phi 36^{+0.05}_{-0.10}$	每超差0.02扣1分		
4		8	长度$13^{+0.04}_{0}$	每超差0.02扣1分		
5		8	长度87±0.03	每超差0.02扣1分		
6	次要尺寸(24分)	8	圆弧$R6$、$R15$	不合格不得分		
7		10	圆弧$R20$	不合格不得分		
8		6	倒角$C1$	不合格不得分		
9	主观评分(20分)	6	已加工零件去毛刺是否符合图样要求			
10		8	已加工零件是否有划伤、碰伤和夹伤			
11		6	已加工零件与图样要求的一致性			

续表

序号	名称	配分	项目及技术要求	评分标准	检测记录	得分
12	更换毛坯（扣3分）	0	是否更换毛坯（是/否）			
13	职业素养扣分	0	能正确穿戴工作服、工作鞋、安全帽等劳动防护用品。每违反一项，扣2分			
14			能按机床使用规范正确进行开关机、对刀等基本操作。每误操作一次，扣2分			
15			能规范使用及保养工具、量具和辅具。每违规操作一次，扣2分			
16			能做好设备清洁、保养工作。不清洁、不保养，扣3分；保养不彻底，扣2分			
总配分		100	总得分			

7. 质量分析

数控加工轴类零件经常遇到多种加工误差，其问题现象、产生原因、预防和消除措施见表5-38。

表5-38　轴类零件加工误差产生原因和消除措施

问题现象	产生原因	预防和消除措施
工件外圆尺寸超差	(1) 刀具参数不准确 (2) 切削用量选择不当 (3) 程序错误 (4) 工件尺寸计算错误	(1) 调整或重新设定刀具参数 (2) 合理选择切削用量 (3) 检查、修改程序 (4) 正确计算工件尺寸
外圆表面粗糙度差	(1) 切削速度太低 (2) 安装刀具高于中心 (3) 切屑缠绕工件表面 (4) 刀具磨损 (5) 切削液选择不合理	(1) 选择较高的主轴转速 (2) 调整刀具高度 (3) 选择合理的进刀方式和切深 (4) 及时更换刀具或刀片 (5) 正确选择切削液

续表

问题现象	产生原因	预防和消除措施
圆弧或锥面超差	（1）编程错误 （2）未正确使用刀尖圆弧半径补偿	（1）检查、修改程序 （2）正确使用刀尖圆弧半径补偿
工件圆度超差或产生锥度	（1）车床主轴间隙过大 （2）程序错误	（1）调整车床主轴间隙 （2）检查、修改程序

模块 7 螺纹的加工

在各种机电产品中，螺纹的应用十分广泛，如螺钉、螺母、螺杆、丝杠等，它主要用于连接各种机件，也可用来传递运动载荷。典型螺纹类零件如图 5-37 所示。螺纹的分类方法很多，按螺纹的牙型可分为三角形、梯形、矩形、锯齿形、圆形等，按螺纹的外廓可分为圆柱螺纹和圆锥螺纹。高精度的螺纹轴零件加工时，需用数控车床加工螺纹，由数控系统来控制螺距的大小和精度，从而简化了计算过程，使螺纹切削的效率显著提高。本模块主要以三角形螺纹加工为例进行讲解。

图 5-37 典型螺纹类零件

【学习目标】

1. 熟练掌握螺纹基本参数的计算。

2. 掌握螺纹加工的工艺方法。

3. 学习和掌握 G92 螺纹切削固定循环指令。

4. 学习和掌握 G76 螺纹切削复合循环指令。

一、螺纹加工工艺要求

1. 三角形螺纹几何参数

（1）三角形螺纹的牙型结构如图 5-38 所示，主要包含以下基本要素。

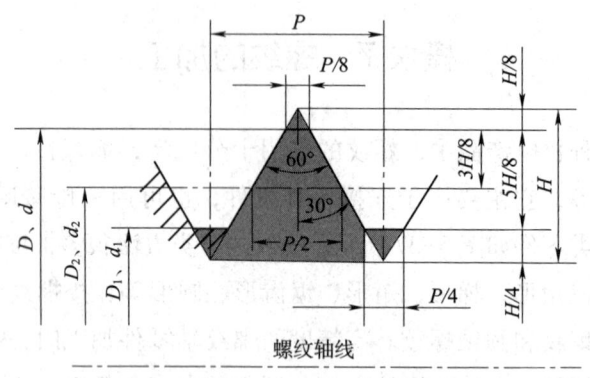

图 5-38 三角形螺纹的牙型结构

1）外径（大径）D、d：与外螺纹牙顶或内螺纹牙底相重合的假想圆柱体直径。螺纹的公称直径即大径。

2）内径（小径）D_1、d_1：与外螺纹牙底或内螺纹牙顶相重合的假想圆柱体直径。

3）中径 D_2、d_2：母线通过牙型上凸起和沟槽两者宽度相等的假想圆柱体直径。在中径处的螺纹牙厚和槽宽相等。只有内外螺纹中径都一致时，两者才能很好地配合。

4）螺距 P：相邻牙在半径线上对应两点间的轴向距离。

5）导程 L：同一螺旋线上相邻牙在中径线上对应两点间的轴向

距离。

6) 牙型角 α：螺纹牙型上相邻两牙侧间的夹角。

7) 螺纹升角 γ：中径圆柱上螺旋线的切线与垂直于螺纹轴线的平面之间的夹角。

8) 工作高度 H：两相互配合螺纹牙型上相互重合部分在垂直于螺纹轴线方向上的距离。

(2) 三角形螺纹基本参数计算公式见表 5-39。

表 5-39　　　　　　三角形螺纹基本参数计算表

名称		代号	计算公式
外螺纹	牙型角	α	60°
	螺距	P	由公称直径确定
	原始三角形高度	H	$H = 0.866P$
	牙型高度	h	$h = 5/8H = 5/8 \times 0.866P = 0.5413P$
	中径	d_2	$d_2 = d - 0.6495P$
	小径	d_1	$d_1 = d - 2h = d - 1.0825P$

2. 车削螺纹的加工方法

螺纹车刀属于成形车刀，刀具切削面积大，进给量大，切削过程中切削力大，不能一次加工完成，需采用不同的进刀方法，分多次进给切削。如果想提高螺纹表面质量，可增加几次光整加工。

(1) 进刀方法。三角形螺纹加工有三种进刀方法，即直进法、斜进法和左右切削法，见表 5-40。

表 5-40　　　　　　螺纹进刀方法

进刀方法	图示	特点及应用
直进法		切削力大，易扎刀；牙型精度高 适用于加工 $P < 3$ mm 普通螺纹及精加工 $P \geqslant 3$ mm 螺纹

续表

进刀方法	图示	特点及应用
斜进法		切削大小，不易扎刀；牙型精度低，表面粗糙度值大 适用于粗加工 $P \geqslant 3$ mm 螺纹
左右切削法		切削大小，不易扎刀；牙型精度低，表面粗糙度值小 适用于 $P \geqslant 3$ mm 螺纹粗、精加工

注：P 为螺距。

（2）进刀次数及背吃刀量的分配。采用直进法进刀，刀具越接近螺纹牙底，切削面积越大。为避免切削力过大而损坏刀具，每次进刀的背吃刀量应越来越小（见表 5-41）。

表 5-41　　　常用螺纹切削的进给次数与背吃刀量　　　单位：mm

公制螺纹								
螺距	1.0	1.5	2	2.5	3	3.5	4
牙深（半径值）	0.649	0.974	1.299	1.624	1.949	2.273	2.598
切削次数及背吃刀量（直径值）	1 次	0.7	0.8	0.9	1.0	1.2	1.5	1.5
	2 次	0.4	0.6	0.6	0.7	0.7	0.7	0.8
	3 次	0.2	0.4	0.6	0.6	0.6	0.6	0.6
	4 次		0.16	0.4	0.4	0.4	0.6	0.6
	5 次			0.1	0.4	0.4	0.4	0.4
	6 次				0.15	0.4	0.4	0.4
	7 次					0.2	0.2	0.4
	8 次						0.15	0.3
	9 次							0.2

3. 螺纹的标注

（1）螺纹代号的标注格式，如图 5-39 所示。M 表示细牙三角形螺纹，公称直径 30，螺距 2，左旋（右旋螺纹不标注），5g 为螺纹中径公差带代号，6g 为螺纹大径公差带代号，S 为短旋合长度。

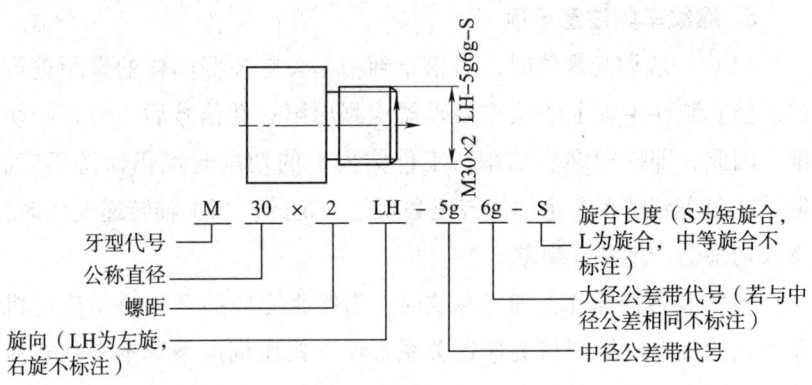

图 5-39　螺纹标注格式

（2）几种常用三角形螺纹标注

1）M24-5g6g：表示粗牙三角形螺纹，公称直径 24，右旋，螺纹公差带代号中径 5g、大径 6g，中等旋合长度。

2）M30×1：表示细牙三角形螺纹，公称直径 30，螺距 1，右旋螺纹，无公差要求，中等旋合长度。

4. 车螺纹前直径尺寸的确定

（1）高速车削三角形外螺纹时，受车刀挤压后会使螺纹大径尺寸变大，因此车螺纹前的外圆直径应比螺纹大径小。当螺距为 1.5~3 mm 时，外径一般可以小 0.2~0.4 mm。也可由下列公式近似计算。

$$d_{轴}=d-0.1P$$

（2）车削内螺纹时，内孔直径会变小，所以孔径应比螺纹小径略大些，可由下列公式近似计算。

车削塑性金属内螺纹时，
$$D_{孔} \approx d-P$$

车削脆性金属内螺纹时，
$$D_{孔} \approx d-1.05P$$

5. 螺纹车削注意事项

（1）一般切削螺纹时，从粗车到精车，是按照同样的螺距进行的。当安装在主轴上的位置编码器检测出第一转信号后，便开始切削。因此，即使很多次切削，工件圆周上的切削起点仍保持不变。但是从粗车到精车，主轴的转速必须是一定的，当主轴转速变化时，螺纹切削会产生乱牙现象。

（2）在数控车床上加工螺纹时，沿螺距方向的 Z 向进给应与机床主轴的旋转保持严格的速比关系，由于机床伺服系统本身具有滞后特性，会在螺纹起始段和停止段发生螺距不规则现象，因此要避免在进给机构加速或减速过程中切削。为此，要有引入距离（升速进刀段）δ_1 和超越距离（降速退刀段）δ_2，所以实际加工螺纹的长度 W 应包括切入和切出的空行程量，如图 5-40 所示。

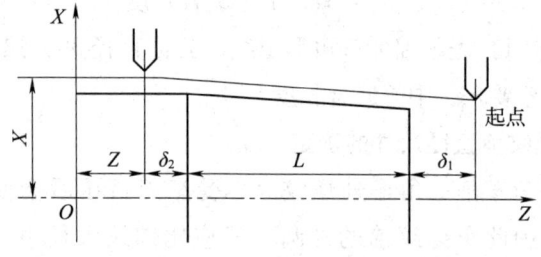

图 5-40 螺纹的行程

实际加工螺纹长度的计算公式为：
$$W = \delta_1 + L + \delta_2$$

式中　δ_1——切入空刀行程量，一般取 2~5 mm（大于一倍螺距）；

δ_2——切出空刀行程量，一般取 $\left(\dfrac{1}{4} \sim \dfrac{1}{2}\right)\delta_1$。

（3）退刀槽的加工。对于台阶轴来说，螺纹刀具不能加工到台阶底部。如果没有退刀槽，装配时就没有办法把螺纹旋到底，导致装配不到位，产生干涉。有了退刀槽，就解决了装配干涉的问题。

若螺纹收尾处没有退刀槽，收尾处的形状与数控系统有关，一般按 45°退刀收尾。

二、编程指令

1. G04 进给暂停指令

（1）指令格式

G04 X＿＿＿；

其中，X 为暂停时间，单位是 s。如"G04 X5"表示要经过 5 s 的进给暂停后，才能执行下面的程序段。

（2）应用。G04 指令常用于车槽等加工，刀具相对工件做短时间的无进给光整加工，以降低表面粗糙度值及工件圆柱度误差。

2. G32 螺纹插补指令

（1）G32 指令格式

G32 X(U)＿＿＿Z(W)＿＿＿F＿＿＿；

其中：

X、Z：螺纹终点绝对坐标值；

U、W：螺纹终点相对螺纹起点坐标增量；

F：螺纹导程，mm/r。

此外，有两种特殊的格式：

G32 Z＿＿＿F＿＿＿；　　　圆柱螺纹

G32 X____F____;　　端面螺纹（使用的时候一定要有端面螺纹刀）

（2）G32 指令应用。G32 指令用于圆柱螺纹、圆锥螺纹、端面螺纹的加工。图 5-41 所示为 G32 指令加工圆柱螺纹的刀具轨迹示意图：①→②为 G00 空刀快速进入；②→③为 G32 加工螺纹；③→④退刀；④→①返回起点。

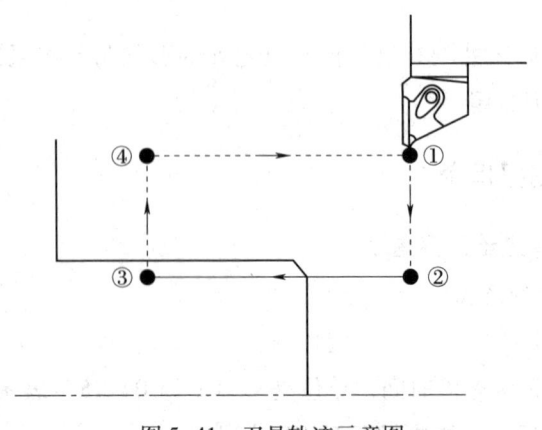

图 5-41　刀具轨迹示意图

（3）G32 指令说明。执行 G32 指令时，刀具可以加工圆柱螺纹以及等螺距的圆锥螺纹、端面螺纹。

G32 编程切削深度分配方式一般为常量值、双刃切削，其每次切削深度一般由编程人员编程给出。

3. G92 螺纹车削固定循环指令

（1）指令格式

G92　X(U)____Z(W)____R____F____;

其中：

X、Z：表示螺纹终点坐标值；

U、W：表示增量坐标值；

R：表示圆锥螺纹始点与终点在 X 轴方向的坐标增量（半径值），圆柱螺纹切削循环时 R 为零可省略；

F：表示进给速度。

（2）指令应用。G92 是模态指令，用于加工内、外圆柱螺纹和圆锥螺纹。

（3）指令说明

1）G92 螺纹切削循环可分为四步动作：动作 1 为快速进刀，动作 2 为螺纹切削，动作 3 为退刀，动作 4 为返回到起点。如图 5-42 所示，刀具从循环起 A 点开始，按 A→B→C→D 进行自动循环，最后又回到循环起点 A。虚线 R 表示快速移动，实线表示按 F 指令指定的进给速度移动。

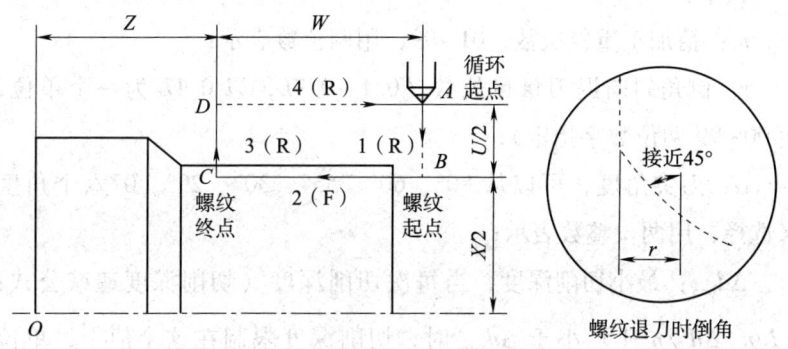

图 5-42　圆柱螺纹加工循环轨迹

2）G92 为单一固定循环指令，每运行一个程序段，机床执行一次切削循环，属于直进法切削螺纹，进刀方式如图 5-43 所示。

3）G92 车内螺纹时编程 X 值逐渐增大，车外螺纹时编程 X 值逐渐减小。

4. G76 螺纹车削复合循环指令

（1）指令格式

G76　P (m) (r) (α)　Q (Δd_{min})　R (d)；

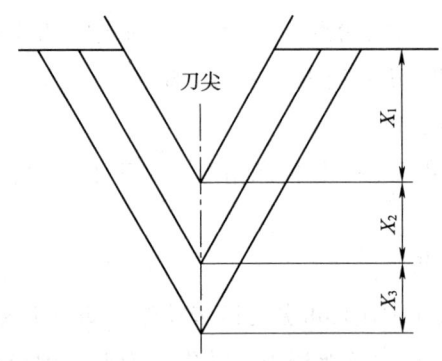

图 5-43 G92 的进刀方式

G76 X (U) Z (W) R (i) P (k) Q (Δd) F (L);

其中:

m:精加工重复次数,01~99,用两位数表示;

r:倒角斜向退刀量单位数(0.1~9.9L,以 0.1L 为一个单位,用 00~99 两位数字指定);

α:刀尖角度,可以从 80°、60°、55°、30°、29°、0°六个角度来选择,用两位整数表示;

Δd_{min}:最小切削深度,当每次切削深度(切削深度递减公式:$\Delta d\sqrt{n}-\Delta d\sqrt{n-1}$)小于 Δd_{min} 时,切削深度限制在这个值上,单位为 μm;

d:精加工留量,单位为 mm;

i:螺纹部分的半径差,单位为 mm,若 i 值为 0,为直螺纹切削方式,此项可省略;

k:螺纹牙高,单位为 μm;

Δd:第一次切削的切削深度(半径值),单位为 μm;

L:导程,单位为 mm。

(2)指令应用。该指令进刀轨迹为斜进法,适用于导程较大或无退刀倒角的内、外三角形螺纹或梯形螺纹的加工。

(3) 指令说明，G76 编程将总的螺纹切削深度（牙高）以递减的方式进行逐层分配，其切削为单刃切削，其切削深度由控制系统计算给出，如图 5-44 所示。

该螺纹切削循环的工艺性比较合理，编程效率较高，螺纹切削循环路线如图 5-45 所示。

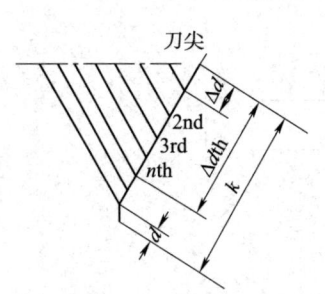
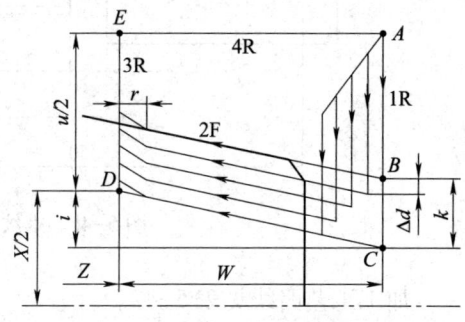

图 5-44　G76 的进刀方式　　　　图 5-45　G76 螺纹切削循环路线

三、工作任务

1. G32 指令编程练习

如图 5-46 所示，本任务零件螺纹为 M24×1.5，是普通细牙螺纹，螺距为 1.5 mm，切削深度为 1.95 mm，需分四次进给完成，毛坯直径为 35 mm 棒料，应用 G32 指令完成编程加工。

(1) 工艺分析。零件结构由外圆、螺纹退刀槽和螺纹三部分组成，加工顺序如下。

1) 夹持毛坯 ϕ35 mm 外圆→伸出长度大于 54 mm→粗车 ϕ30 mm 外圆至 54 mm 长→粗车 ϕ23.85 mm 外圆至 28 mm 长，见表 5-42。

2) 换切槽刀，加工 4×2 螺纹退刀槽。

3) 换 60°螺纹车刀，完成 M24×1.5 螺纹加工。

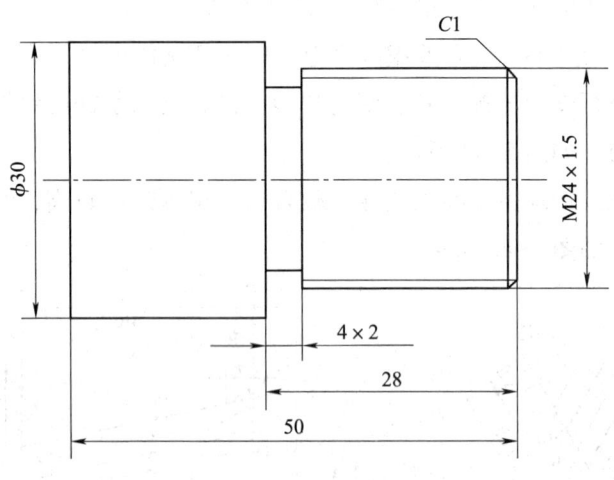

图 5-46 螺纹轴

加工工艺路线见表 5-42。

表 5-42　　　　　　　　加工工艺路线

操作步骤	加工简图
（1）夹持工件，伸出 60 mm，粗车外圆，留精加工余量单边 0.5 mm	
（2）精加工外轮廓至零件图样尺寸	
（3）车削螺纹退刀槽	

操作步骤	加工简图
(4) 车削外螺纹	

(2) 数值计算。

$d_{大径} = d - 0.1P = 24 - 0.1 \times 1.5 = 23.85$ (mm)

$d_{小径} = d_{大径} - 1.3P = 24 - 1.3 \times 1.5 = 22.05$ (mm)

$W = \delta_1 + L + \delta_2 = 2 + 24 + 5 = 31$ (mm)

根据附表,查得螺纹每次的切削深度,确定 $X_1 = 24 - 0.8 = 23.2$,$X_2 = 23.2 - 0.6 = 22.6$,$X_3 = 22.6 - 0.4 = 22.2$,$X_4 = 22.2 - 0.15 = 22.05$。

(3) 选择刀具及切削用量。普通外螺纹车刀刀尖角等于螺纹牙型角 60°,选用 SANDVIK(山特维克)刀具系统,确定刀具和切削用量,见表 5-43。

表 5-43　　　　　　　刀具及切削用量

工序	刀号	刀杆规格	刀片规格	加工内容	主轴转速(r/min)	背吃刀量(mm)	进给量(mm/r)
加工外圆	T01	DCLNR2525M09	CNMG090308-PM	粗车外圆	800	2	0.3
			CCMT090304-PF	精车外圆	1 200	0.25	0.2

续表

工序	刀号	刀杆规格	刀片规格	加工内容	主轴转速(r/min)	背吃刀量(mm)	进给量(mm/r)
加工外圆	T02	QD-RFH33-2525A	QD-NH-0400-0002-CM	切槽	300		0.1
	T03	266RFG-2525-22	266RG-22MM02A250E	车外螺纹	600		1.5

(4) 加工程序（见表5-44）。

表5-44　　　　　　　　　加工程序

程序内容	说明
O0001;	
M03 S800;	启动主轴，转速800 r/min
T0101;	换1号刀（外圆刀）
G00 X100 Z100;	快速移动至换刀点
X36 Z2;	
G71 U2 R1;	设定G71粗加工参数
G71 P1 Q8 U0.5 W0 F0.3;	
N1 G01 X18 F0.2;	循环加工开始程序段

续表

程序内容	说明
X23.85 Z-1;	
Z-28;	
X30;	
Z-54;	
N8 G01 X36;	循环加工结束程序段
M03 S1200;	主轴提速至 1 200 r/min
G04 X3;	无进给暂停 3 s
G70 P1 Q8;	外轮廓精加工
G00 X100;	快速退刀至换刀点
Z100;	
M03 S300;	转速 300 r/min
T0202;	换 2 号刀（切槽刀）
G00 X31;	
Z-28;	快速定位
X20 F0.1;	车削退刀槽
G04 X3;	暂停 3 s，对槽底进行光整
X26 F0.3;	
Z2;	
G00 X100 Z100;	快速退刀至换刀点
M03 S600;	转速 600 r/min
T0303;	换 3 号刀（螺纹刀）
G00 X35 Z5;	快速移动至（35，5），定为起始点
X23.2;	螺纹第一次切削深度为 0.8 mm
G32 Z-26 F1.5;	车螺纹
G01 X26;	
G00 Z5;	
X22.6;	螺纹第二次切削深度为 0.6 mm

续表

程序内容	说明
G32 Z-26 F1.5;	车螺纹
G01 X26;	
G00 Z5;	
X22.2;	螺纹第三次切削深度为 0.4 mm
G32 Z-26 F1.5;	车螺纹
G01 X26;	
G00 Z5;	
X22.05;	螺纹第四次切削深度为 0.15 mm
G32 Z-26 F1.5;	车螺纹
G01 X26;	
G00 Z5;	
G00 X100 Z100;	返回到换刀点
M05;	主轴停止
M30;	程序结束，返回到开始位置

（5）上机加工。本次加工选用 FANUC 0i Mate-TC 系统数控车床，采用三爪自定心卡盘装夹。操作步骤如下。

1）机床通电，进入系统。

2）回参考点，建立机床坐标系。

3）安装刀具：主偏角 95°外圆车刀，4 mm 宽切槽刀，60°螺纹车刀。

4）装夹毛坯。将 ϕ35 mm 棒料装夹在三爪自定心卡盘上，伸出卡盘长度 60 mm。

5）将加工程序输入机床。

6）程序校验。

7）对刀。通过试切法建立工件坐标系。

8）自动运行模式下选择循环启动，完成零件加工。

(6) 检测控制

1) 测量工具。根据零件精度要求,选择游标卡尺进行外圆和长度测量,使用螺纹环规完成螺纹的检测,见表 5-45。

表 5-45　　　　　　　　　测量工具列表

量具种类	量具图样	精度及应用
游标卡尺		测量精度为 0.02 mm,是常用的外圆直径及长度测量具。此外还有带表游标卡尺和数显游标卡尺,测量精度较高
螺纹环规		螺纹环规又称螺纹通止规,根据螺纹规格和精度选用,代号 T 为通规,Z 为止规。通规能通过,止规通不过为合格

2) 操作评价记录表(见表 5-46,合格标"√",不合格标"×")。

表 5-46　　　　　　　　　操作评价记录表

序号	名称	项目及技术要求	检测记录
1	主要尺寸	$\phi 30$	
2		$\phi 28$	
3		长度 28	
4		长度 50	
5	螺纹 M24×1.5	完成螺纹加工	
6		环规通端不过	
7		环规止端通过	

续表

序号	名称	项目及技术要求	检测记录
8	主观检查	已加工零件去毛刺是否符合图样要求	
9		已加工零件是否有划伤、碰伤和夹伤	
10		已加工零件与图样要求的一致性	
11	更换毛坯	是否更换毛坯（是/否）	
12	职业素养要求	能正确穿戴工作服、工作鞋、安全帽等劳动防护用品	
13		能按机床使用规范正确进行开关机、对刀等基本操作	
14		能规范使用及保养工具、量具和辅具	
15		能做好设备清洁、保养工作	

（7）质量分析。在用数控车床加工螺纹类零件时，经常遇到多种加工误差，其问题现象、产生原因预防和消除措施见表5-47。

表5-47　螺纹类零件加工误差产生原因和消除措施

问题现象	产生原因	预防和消除措施
螺纹尺寸超差	（1）刀具角度不准确 （2）切削用量选择不当 （3）程序错误 （4）工件尺寸计算错误	（1）调整或重新设定刀具参数 （2）合理选择切削用量 （3）检查、修改程序 （4）正确计算工件尺寸
螺纹表面粗糙度差	（1）切削速度太低 （2）安装刀具高于中心 （3）切屑缠绕工件表面 （4）刀具磨损 （5）切削液选择不合理	（1）选择较高的主轴转速 （2）调整刀具高度 （3）选择合理的进刀方式和切深 （4）及时更换刀具或刀片 （5）正确选择切削液
加工时扎刀致工件报废	（1）进给量过大 （2）工件安装不合理	（1）降低进给速度 （2）检查工件安装，增大刚度

2. G92 螺纹切削固定循环指令编程练习

如图 5-47 所示为螺纹支撑轴,使用 FANUC Oi Mate-TC 系统数控车床完成该轴加工。工件材料为 45#,毛坯料为 $\phi 45$ mm 棒料。应用插补 G 指令完成零件的加工。

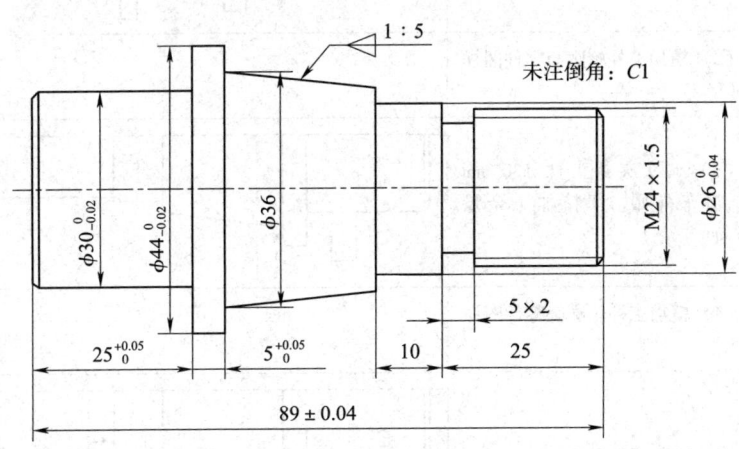

图 5-47 螺纹支撑轴

(1) 工艺分析。零件由外圆、退刀槽和螺纹三部分构成,需要调头加工完成。加工顺序如下。

1) 夹持毛坯 $\phi 45$ mm 外圆→粗车 $\phi 30$ mm、$\phi 44$ mm 外圆至 31 mm→精车外轮廓至尺寸。

2) 调头装夹 $\phi 30$ mm 处,卡盘端面要和 $\phi 44$ mm 端面靠紧。

3) 粗车 $\phi 23.85$ mm 外圆至 25 mm 长、$\phi 26$ mm 外圆至 35 mm 长→$\phi 36$ 锥面至 59 mm 长→抬刀至 X46→精车外轮廓至尺寸。

4) 换切槽刀,加工 4×2 螺纹退刀槽。

5) 换 60° 螺纹车刀,完成 M24×1.5 螺纹加工。

加工工艺路线见表 5-48。

表 5-48　　　　　　　　　　　加工工艺路线

操作步骤	加工简图
（1）夹持工件，粗车外圆，留精加工余量 0.5 mm	
（2）精加工外轮廓至零件图样尺寸	
（3）调头夹持工件 ϕ30 mm 处，粗车外圆，留精加工余量 0.5 mm	
（4）精加工外轮廓至零件图样尺寸	
（5）车削螺纹退刀槽	
（6）车削外螺纹	

（2）数值计算。根据锥度计算公式 $C=(D-d/)L$，得出锥面小径值为 31.2 mm。

待加工螺纹外圆尺寸：$d_{轴}=d-0.1P=24-0.1\times1.5=23.85$（mm）。

螺纹小径：$d_1=d-1.3P=24-1.3\times1.5=22.05$（mm）。

根据附表，查得螺纹每次的切削深度，确定 $X_1=24-0.8=23.2$，$X_2=23.2-0.6=22.6$，$X_3=22.6-0.4=22.2$，$X_4=22.2-0.16=22.04$。

（3）选择刀具及切削用量。根据零件的加工特点，选用 SANDVIK（山特维克）刀具系统，确定刀具和切削用量，见表5-49。

表5-49　　　　　　　　　　刀具及切削用量

工序	刀号	刀杆规格	刀片规格	加工内容	主轴转速（r/min）	背吃刀量（mm）	进给量（mm/r）
加工左端	T01	DCLNR2525M09	CNMG090308-PM	粗车外圆	800	2	0.3
	T02		CCMT090304-PF	精车外圆	1 200	0.25	0.2
加工右端	T01	DCLNR2525M09	CNMG090308-PM	粗车外圆	800	2	0.3
	T02		CCMT090304-PF	精车外圆	1 200	0.25	0.2

续表

工序	刀号	刀杆规格	刀片规格	加工内容	主轴转速（r/min）	背吃刀量（mm）	进给量（mm/r）
加工右端	T03	QD-RFH 33-2525A	QD-NH-0400-0002-CM	切槽	300		0.1
	T04	266RFG-2525-22	266RG-22MM02A250E	车外螺纹	600		1.5

（4）加工程序（见表 5-50 和表 5-51）。

表 5-50　　　　工序 1 零件左侧加工程序

程序内容	说明
O0001;	
M03 S800;	启动主轴，转速 800 r/min
T0101;	换 1 号刀（外圆刀）
G00 X100 Z100;	快速移动至换刀点
X46 Z2;	循环起点
G71 U2 R1;	设定 G71 粗加工参数
G71 P1 Q8 U0.5 W0 F0.3;	

续表

程序内容	说明
N1 G01 X24 F0.2;	循环加工开始程序段
X30 Z-1;	
Z-25;	
X44;	
Z-31;	
N8 G01 X46;	循环加工结束程序段
G00 X100 Z100;	
T0202;	
X46 Z2;	
M03 S1200;	主轴提速至 1 200 r/min
G04 X3;	无进给暂停 3 s
G70 P1 Q8;	外轮廓精加工
G00 X100;	快速退刀至换刀点
Z100;	
M05;	主轴停止转动
M30;	程序结束并返回

表 5-51　　　　工序 2 零件右侧加工程序

程序内容	说明
O0002;	
M03 S800;	启动主轴，转速 800 r/min
T0101;	换 1 号刀（外圆刀）
G00 X100 Z100;	快速移动至换刀点
X46 Z2;	循环起点
G71 U2 R1;	设定 G71 粗加工参数
G71 P1 Q8 U0.5 W0 F0.3;	

续表

程序内容	说明
N1 G01 X17 F0.2;	循环加工开始程序段
X23.85 Z-1.5;	
Z-25;	
X26;	
Z-35;	
X31.2;	
X36 Z-59;	
N8 G01 X46;	循环加工结束程序段
G00 X100 Z100;	
T0202;	换2号刀，精加工
X46 Z2;	
M03 S1200;	主轴提速至1 200 r/min
G04 X1;	无进给暂停1 s
G70 P1 Q8;	外轮廓精加工
G00 X100;	快速退刀至换刀点
Z100;	
M03 S300;	转速300 r/min
T0303;	换3号刀（切槽刀）
G00 X27;	
Z-25;	快速定位
X20 F0.1;	切削退刀槽
G04 X3;	暂停3 s，对槽底进行光整
X27 F0.3;	
Z-24;	
X20 F0.1;	切槽刀4 mm宽，切5 mm槽扩槽
G04 X3;	
X27 F0.3;	

续表

程序内容	说明
Z2;	
G00 X100 Z100;	快速退刀至换刀点
M03 S600;	主轴转速设定
T0404;	换4号刀（外螺纹刀）
G00 X27 Z2;	快速移动至（27,2），设定为起始点
G92 X23.2 Z-21 F1.5;	螺纹第一次切削切削深度为0.8 mm
X22.6;	螺纹第二次切削切削深度为0.6 mm
X22.2;	螺纹第三次切削切削深度为0.4 mm
X22.04;	螺纹第四次切削切削深度为0.16 mm
G00 X100 Z100;	刀具返回换刀点
M05;	主轴停止
M30;	程序结束并返回

（5）上机加工。本次加工选用 FANUC Oi Mate-TC 系统数控车床，采用三爪自定心卡盘装夹。操作步骤如下。

1）机床通电，进入系统。

2）回参考点，建立机床坐标系。

3）安装刀具：主偏角95°外圆车刀，4 mm 宽切槽刀，60°螺纹刀。

4）装夹毛坯。将 ϕ45 mm 棒料装夹在三爪自定心卡盘上，伸出卡盘长度35 mm。

5）将加工程序输入机床。

6）程序校验。

7）对刀。通过试切法建立工件坐标系。

8）自动运行模式下选择循环启动，完成零件加工。

9）掉头装夹在 ϕ30 mm 处，卡盘端面要和 ϕ44 mm 端面靠紧，重复5）~8）步骤完成右侧加工。

（6）检测控制

1）测量工具。根据零件精度要求，选择千分尺进行外圆测量，选择游标卡尺测量长度，使用螺纹环规完成螺纹的检测，见表5-52。

表5-52　　　　　　　　　　测量工具清单

量具种类	量具图样	精度及应用
游标卡尺		测量精度为0.02 mm，是常用的外圆直径及长度测量量具。此外还有带表游标卡尺和数显游标卡尺，测量精度较高
外径千分尺		测量精度高，可达0.01 mm。有0~25 mm、25~50 mm、50~75 mm等多种规格
螺纹环规		螺纹环规又称螺纹通止规，根据螺纹规格和精度选用，代号T为通规，Z为止规。通规能通过，止规通不过为合格

2）操作评价记录表（见表5-53，合格标"√"，不合格标"×"）。

表5-53　　　　　　　　　　操作评价记录表

序号	名称	项目及技术要求	检测记录
1	主要尺寸	$\phi 30_{-0.02}^{0}$	
2		$\phi 44_{-0.02}^{0}$	
3		$\phi 26_{-0.04}^{0}$	

续表

序号	名称	项目及技术要求	检测记录
4	主要尺寸	长度 $25^{+0.05}_{0}$	
5		长度 $5^{+0.05}_{0}$	
6		M24×1.5	
7		1:5 锥度	
8		长度 89±0.04	
9	次要尺寸	5×2 槽	
10		长度 10 mm	
11	主观检查	已加工零件去毛刺是否符合图样要求	
12		已加工零件是否有划伤、碰伤和夹伤	
13		已加工零件与图样要求的一致性	
14	更换毛坯	是否更换毛坯（是/否）	
15	职业素养要求	能正确穿戴工作服、工作鞋、安全帽等劳动防护用品	
16		能按机床使用规范正确进行开关机、对刀等基本操作	
17		能规范使用及保养工具、量具和辅具	
18		能做好设备清洁、保养工作	

（7）质量分析。数控加工螺纹类零件时，经常遇到多种加工误差，其问题现象、产生原因、预防和消除措施见表 5-54。

表 5-54　　螺纹加工误差原因和消除措施

问题现象	产生原因	预防和消除措施
螺纹尺寸超差	（1）刀具角度不准确 （2）切削用量选择不当 （3）程序错误 （4）工件尺寸计算错误	（1）调整或重新设定刀具参数 （2）合理选择切削用量 （3）检查、修改程序 （4）正确计算工件尺寸

续表

问题现象	产生原因	预防和消除措施
外圆表面粗糙度差	(1) 切削速度太低 (2) 安装刀具高于中心 (3) 切屑缠绕工件表面 (4) 刀具磨损 (5) 切削液选择不合理	(1) 选择较高的主轴转速 (2) 调整刀具高度 (3) 选择合理的进刀方式和切深 (4) 及时更换刀具或刀片 (5) 正确选择切削液
加工时扎刀致工件报废	(1) 进给量过大 (2) 工件安装不合理	(1) 降低进给速度 (2) 检查工件安装,增大刚度

3. G76 指令编程练习

应用 G76 指令完成图 5-48 所示零件的加工,毛坯为 $\phi60$ mm× 103 mm 棒料。

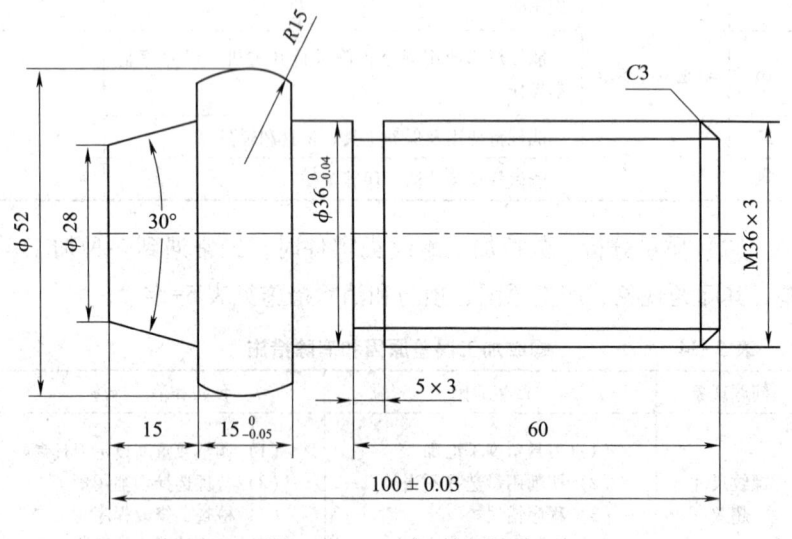

图 5-48 G76 加工实例图

(1) 工艺分析。零件由外圆、退刀槽和螺纹构成,需要调头加工完成。加工顺序如下。

1）夹持毛坯 ϕ60 mm 外圆→伸出长度大于 86 mm→粗车 M36×3 螺纹大径外圆为 ϕ35.7 mm、ϕ36 mm 外圆至 70 mm→粗车 R15 圆弧→精车外轮廓至尺寸。

2）换切槽刀，加工 5×3 螺纹退刀槽。

3）换 60°螺纹车刀，完成 M36×3 螺纹加工。

4）调头装夹 $\phi 36_{-0.04}^{0}$ 处（要垫开壁套），卡盘端面要与 R15 端面靠紧。

5）粗车 30°锥面→精车外轮廓至尺寸。

加工工艺路线见表 5-55。

表 5-55　　　　　　　加工工艺路线

操作步骤	加工简图
（1）夹持工件，伸出 90 mm，粗车外圆，留精加工余量 4.2 mm	
（2）精加工外轮廓至零件图样尺寸	
（3）车削螺纹退刀槽	
（4）车削外螺纹	

续表

操作步骤	加工简图
（5）调头，夹持工件 $\phi 36_{-0.04}^{0}$ 处，加工锥度轮廓至图样尺寸	

（2）数值计算。

30°锥面大径值：通过三角函数得出大径值 36.04 mm。

R15 圆弧起点值：通过勾股定理得出 47.98 mm。

待加工螺纹外圆尺寸：$d_{大径}=d-0.1P=36-0.1\times 3=35.7$（mm）。

螺纹小径尺寸：$d_{小径}=d_{大径}-1.3P=36-1.3\times 3=32.1$（mm）。

牙高：$H=0.65P=0.65\times 3=1.95$（mm）。

（3）选择刀具及切削用量（见表 5-56）。

表 5-56　　刀具及切削用量表

工序	刀号	刀杆规格	刀片规格	加工内容	主轴转速（r/min）	背吃刀量（mm）	进给量（mm/r）
加工右端	T01	DCLNR2525M09	CNMG090308-PM	粗车外圆	800	2	0.3
	T02		CCMT090304-PF	精车外圆	1 200	2.1	0.2

续表

工序	刀号	刀杆规格	刀片规格	加工内容	主轴转速（r/min）	背吃刀量（mm）	进给量（mm/r）
加工右端	T03	QD-RFH 33-2525A	QD-NH-0400-0002-CM	切槽	300		0.1
	T04	266RFG-2525-22	266RG-22MM02A250E	车外螺纹	600		3
加工左端	T01	DCLNR2525M09	CNMG090308-PM	粗车外圆	800	2	0.3
	T02		CCMT090304-PF	精车外圆	1 200	0.25	0.2

(4) 加工程序（见表 5-57 和表 5-58）。

表 5-57　　　　　　　　加工程序 1

程序内容	说明
O0001;	
M03 S800;	启动主轴，转速 800 r/min
T0101;	换 1 号刀（外圆刀）
G00 X100 Z100;	快速移动至换刀点
X62 Z2;	循环起点
G71 U2 R1;	设定 G71 粗加工参数
G71 P1 Q8 U4.2 W0 F0.3;	
N1 G01 X26 F0.2;	循环加工开始程序段
X35.7 Z-3;	
Z-60;	
X35.98;	
Z-70;	
X47.98;	
G03 X47.98 Z-85 R15;	
G01 Z-85.5	
N8 G01 X62;	循环加工结束程序段
G00 X100 Z100;	
T0202;	换 2 号刀，精加工
X62 Z2;	
M03 S1200;	主轴提速至 1 200 r/min
G04 X1;	无进给暂停 1 s
G70 P1 Q8;	外轮廓精加工
G00 X100;	快速退刀至换刀点
Z100;	
M03 S300;	转速 300 r/min
T0303;	换 3 号刀（切槽刀）

续表

程序内容	说明
G00 X38;	
Z-60;	快速定位
X30 F0.1;	切削退刀槽
G04 X3;	暂停3 s,对槽底进行光整
X38 F0.3;	
Z-59;	
X30 F0.1;	切槽刀4 mm宽,切5 mm槽扩槽
G04 X3;	
X38 F0.3;	
Z2;	
G00 X100 Z100;	快速退刀至换刀点
M03 S600;	主轴转速设定
T0404;	换4号刀(外螺纹刀)
G00 X40 Z5;	螺纹循环起点
G76 P011060 Q200 R0.1;	螺纹循环加工参数设置
G76 X32.1Z-58 R0 P1950 Q600 F3;	
G00 X100 Z100;	刀具返回换刀点
M05;	主轴停止
M30;	程序结束并返回

表 5-58　　　　加工程序 2

程序内容	说明
O0002;	
M03 S800;	启动主轴,转速800 r/min
T0101;	换1号刀(外圆刀)
G00 X100 Z100;	快速移动至换刀点
X62 Z2;	循环起点
G71 U2 R1;	设定 G71 粗加工参数

续表

程序内容	说明
G71 P1 Q8 U0.5 W0 F0.3;	
N1 G01 X26.93 F0.2;	循环加工开始程序段
X36.04 Z-15;	
N8 G01 X62;	循环加工结束程序段
G00 X100 Z100;	
T0202;	
X62 Z2;	
M03 S1200;	主轴提速至 1 200 r/min
G04 X1;	无进给暂停 1 s
G70 P1 Q8;	外轮廓精加工
G00 X100;	快速退刀至换刀点
Z100;	
M05;	主轴停止转动
M30;	程序结束并返回

（5）上机加工。本次加工选用 FANUC 0i Mate-TC 系统数控车床，采用三爪自定心卡盘装夹。操作步骤如下。

1）机床通电，进入系统。

2）回参考点，建立机床坐标系。

3）安装刀具：主偏角 95°外圆车刀、切槽刀、螺纹刀。

4）装夹毛坯。将 $\phi 60$ mm 棒料装夹在三爪自定心卡盘上，伸出卡盘长度 90 mm。

5）将加工程序输入机床。

6）程序校验。

7）对刀。通过试切法建立工件坐标系。

8）自动运行模式下选择循环启动，完成零件加工。

(6) 检测控制

1) 测量工具。根据零件精度要求,选择千分尺进行外圆测量,选择游标卡尺测量长度,选择万能角度尺对圆锥部分进行测量,使用螺纹环规完成螺纹的检测,见表 5-59。

表 5-59　　　　　　　　测量工具清单

量具种类	量具图样	精度及应用
游标卡尺	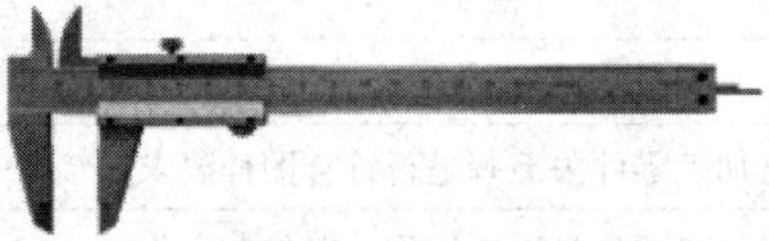	测量精度为 0.02 mm,是常用的外圆直径及长度测量量具。此外还有带表游标卡尺和数显游标卡尺,测量精度较高
千分尺	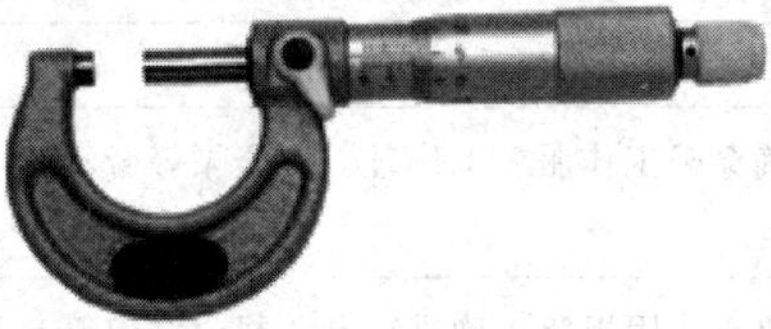	测量精度高,可达 0.01 mm。有 0~25 mm、25~50 mm、50~75 mm 等多种规格
万能角度尺		能测 0~320° 范围角度,测量精度 2′。用于单件或批量生产零件圆锥角度测量
螺纹环规		螺纹环规又称螺纹通止规,根据螺纹规格和精度选用,代号 T 为通规,Z 为止规。通规能通过,止规通不过为合格

2) 操作评价记录表(见表 5-60,合格标"√",不合格标"×")。

表 5-60　　　　　　　　　操作评价记录表

序号	名称	项目及技术要求	检测记录
1	主要尺寸	$\phi 36_{-0.04}^{0}$	
2		30°锥面	
3		螺纹 M36×3	
4		长度 100±0.03	
5		长度 $15_{-0.05}^{0}$	
6	次要尺寸	槽 5×3	
7		长 60	
8	主观检查	已加工零件去毛刺是否符合图样要求	
9		已加工零件是否有划伤、碰伤和夹伤	
10		已加工零件与图样要求的一致性	
11	更换毛坯	是否更换毛坯（是/否）	
12	职业素养要求	能正确穿戴工作服、工作鞋、安全帽等劳动防护用品	
13		能按机床使用规范正确进行开关机、对刀等基本操作	
14		能规范使用及保养工具、量具和辅具	
15		能做好设备清洁、保养工作	

（7）质量分析。数控加工螺纹类零件时，经常遇到多种加工误差，其问题现象、产生原因、预防和消除措施见表 5-61。

表 5-61　　　　　螺纹加工误差原因和消除措施

问题现象	产生原因	预防和消除措施
螺纹尺寸超差	（1）刀具角度不准确 （2）切削用量选择不当 （3）程序错误 （4）工件尺寸计算错误	（1）调整或重新设定刀具参数 （2）合理选择切削用量 （3）检查、修改程序 （4）正确计算工件尺寸

续表

问题现象	产生原因	预防和消除措施
外圆表面粗糙度差	(1) 切削速度太低 (2) 安装刀具高于中心 (3) 切屑缠绕工件表面 (4) 刀具磨损 (5) 切削液选择不合理	(1) 选择较高的主轴转速 (2) 调整刀具高度 (3) 选择合理的进刀方式和切深 (4) 及时更换刀具或刀片 (5) 正确选择切削液
加工时扎刀致工件报废	(1) 进给量过大 (2) 工件安装不合理	(1) 降低进给速度 (2) 检查工件安装,增大刚度

第6单元 技能综合训练

模块1 综合训练课题一

【学习目标】

1. 应用 G73 指令和 G70 指令加工零件外轮廓。
2. 应用 G76 指令加工外螺纹。
3. 掌握磨耗的使用方法。

一、工作任务

如图 6-1 所示零件，毛坯尺寸为 $\phi 40$ mm×80 mm，试用 FANUC Oi 系统数控车床完成零件的加工。

二、任务准备

1. 选择机床

选用 FANUC Oi-TC 系统的 CK 6141×750 型数控车床。

2. 材料

毛坯尺寸为 $\phi 40$ mm×80 mm，材料为 45#。

3. 工具、量具、刀具清单

工具、量具、刀具清单见表 6-1。

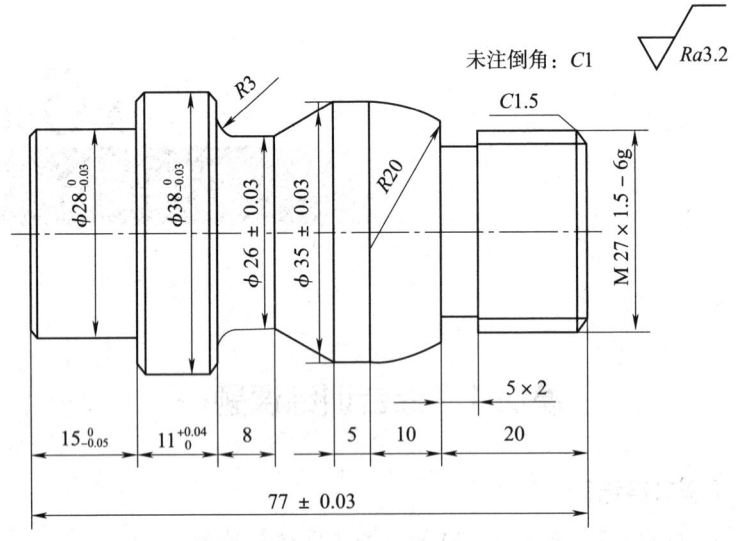

图 6-1　综合训练课题一

表 6-1　　　　　　工具、量具、刀具清单

序号	名称	规格	数量	备注
1	外圆车刀	93°主偏角、35°刀尖角、刀尖半径 0.8 mm	1	
2	外圆车刀	93°主偏角、35°刀尖角、刀尖半径 0.4 mm	1	
3	切槽刀	刀头宽 4 mm	1	
4	外螺纹车刀	60°三角形螺纹车刀	1	
5	游标卡尺	精度 0.02 mm，规格 0~150 mm	1	
6	外径千分尺	精度 0.01 mm，规格 25~50 mm	1	
7	螺纹环规	M27×1.5-6g	1	
8	R 规	$R3$ 圆弧	1	

三、数控加工工艺文件

　　数控加工工艺文件是数控加工与数控加工工艺内容的具体体现，常用的数控工艺文件包括数控加工编程任务书、数控加工工序卡、数控加工刀具调整单、数控机床调整单、数控加工进给路线图、数

控加工程序单等。其中，数控加工工序卡和数控加工刀具调整单中的数控刀具明细表最为重要，前者是说明加工顺序和加工要素的文件，后者是刀具使用的依据。

1. 数控加工编程任务书

数控加工编程任务书主要包括数控加工工序的技术要求、工序说明、编程前工件余量等内容，见表 6-2。

表 6-2　　　　　　　　数控加工编程任务书

数控加工编程任务书		零件名称	零件图号	材料
		螺纹支撑轴	JS1	45#
主要工艺说明及技术要求： 1. $\phi38_{-0.03}^{0}$ 尺寸公差控制 2. 零件调头装夹校正				
设备	CK6141×750	工艺员	编程员	收到日期
编制		审核	批准	共　页　第　页

2. 数控加工工序卡

数控加工工序卡主要用于反映使用的辅具、刀具规格，切削用量参数，切削液，加工工步等内容，见表 6-3。

表 6-3　　　　　　　　数控加工工序卡

数控加工工序卡			零件名称	零件图号	材料
			螺纹支撑轴	JS1	45#
工艺序号	程序编号	夹具名称	夹具编号	使用设备	车间
W002		三爪卡盘		CK6141	一车间
工步号	工步内容	刀具号	刀具规格	主轴转速 (r/min)	进给速度 (mm/r)	背吃刀量 (mm)
1	粗车右端外轮廓	T0101	QS-TR-D13JCR 2525HP	800	0.3	
2	精车右端外轮廓	T0101	QS-TR-D13JCR 2525HP	1 200	0.2	
3	……	……	……	……	……	
…	……	……	……	……	……	
编制		审核		批准	共　页　第　页	

若在数控机床上只加工零件的一个工步时，可不填写工序卡。在工序加工内容不十分复杂时，可将零件草图反映在工序卡上，并注明对刀点和编程原点。

3. 数控刀具调整单

数控刀具调整单主要包括数控刀具卡（简称刀具卡）和数控刀具明细表（简称刀具表）两部分。

数控车床刀具卡分别记录了每一把数控刀具编号、刀具结构、组合件名称代号、刀片型号和材料等，它是组装刀具和调整刀具的依据。

数控刀具明细表是调刀人员调整刀具输入的主要依据，刀具明细表见表6-4。

表6-4　　　　　　　　刀具明细表

零件图号	零件名称	材料	刀具明细表			程序编号	车间	使用设备
JS1	螺纹支撑轴	45#					一车间	CK6141
刀号	刀具名称	刀具号	刀具		刀尖半径（mm）	刀补地址	加工部位	
			位置（mm）					
			X 向	Z 向				
T01	外圆车刀	01	由每把刀具的对刀值确定		0.4	T0101	外轮廓	
T02	外切槽刀	02			0	T0202	槽	
T03	外螺纹刀	03			0.2	T0303	外三角形螺纹	
编制		审核		批准		年　月　日	共　页	第　页

四、任务实施

1. 工艺分析

本工件中精度要求较高的尺寸有 $\phi28_{-0.03}^{0}$、$\phi38_{-0.03}^{0}$、$\phi26_{-0.03}^{+0.03}$、

$\phi 35_{-0.03}^{+0.03}$、长度 $15_{-0.05}^{0}$、长度 $11_{0}^{+0.04}$，对于精度要求主要通过准确对刀、正确设置刀补及磨耗，以及制定合适的加工工艺等措施来保证。

加工工艺路线见表 6-5。

表 6-5　　　　　　　加工工艺路线

操作步骤	加工简图
（1）先加工零件左端。夹持毛坯，伸出 40 mm。粗加工零件外轮廓，留精加工余量 0.5 mm	
（2）精加工外轮廓至零件图样尺寸	
（3）调头夹持 $\phi 28$ mm 处，X 方向磨耗取"+1"，粗加工零件外轮廓至倒角位置，留精加工余量单边 1 mm	
（4）两次精加工外轮廓至零件图样尺寸（精加工余量+磨耗）	
（5）车削螺纹退刀槽	
（6）粗、精加工外螺纹	

2. 数值计算

如图 6-2 所示,在基点计算中,应用勾股定理可求得 E 点坐标,即 E(29.64,-20),其他基点坐标略。

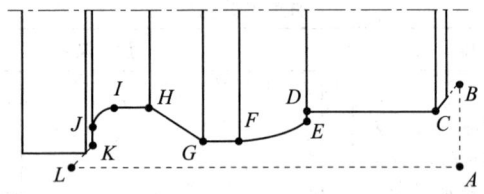

图 6-2 基点选定

螺纹加工参数计算:

$d_{实}=d-0.1P=27-0.1\times1.5=26.85$(mm)

$d_{小径}=d-1.3P=27-1.3\times1.5=25.05$(mm)

$h=0.65P=0.65\times1.5=0.975$(mm)

3. 编制数控加工工艺卡(见表 6-6)

表 6-6　　　　数控加工工艺卡

数控加工工艺卡			零件名称	零件图号	材料
			螺纹支撑轴	JS1	45#
工艺序号	程序编号	夹具名称	夹具编号	使用设备	车间
		三爪卡盘		CK6141	
工步号	工步内容	刀具号	刀具规格	主轴转速(r/min)	进给速度(mm/r)	背吃刀量(mm)
1	粗车左端外轮廓	T0101	QS-TR-D13JCR 2525HP	800	0.3	2
2	精车左端外轮廓	T0101	QS-TR-D13JCR 2525HP	1 200	0.2	0.25
3	调头粗车右端外轮廓	T0101	QS-TR-D13JCR 2525HP	800	0.3	1

续表

工步号	工步内容	刀具号	刀具规格	主轴转速 (r/min)	进给速度 (mm/r)	背吃刀量 (mm)
4	精车右端外轮廓	T0101	QS-TR-D13JCR 2525HP	1 200	0.2	1
5	切槽	T0202	N123H2-0400-0002-GF	300	0.1	
6	车三角形螺纹	T0303	266RFGZ2525-22	600	1.5	

| 编制 | | 审核 | | | 共 页 第 页 | |

注:表中加工参数的确定,取决于实际加工经验、机床的稳定性、工件加工精度及表面质量、工件的材料性质、刀具种类及刀具形状、刀柄的刚性等诸多因素。

4. 加工程序(见表 6-7 和表 6-8)

表 6-7　　　　　　　　　　左端加工程序

程序内容	说明
O0001;	左端加工程序号
M03 S800;	启动主轴,转速 800 r/min
T0101;	换 1 号刀(外圆刀)
G00 X100 Z100;	快速移动至换刀点
X42 Z2;	循环起点
G71 U2 R1;	设定 G71 粗加工参数
G71 P1 Q8 U0.5 W0 F0.3;	
N1 G01 X22 F0.2;	循环加工开始程序段
X38 Z-1;	
Z-15;	
X36;	
X38 Z-16;	
Z-30;	

· 255 ·

续表

程序内容	说明
N8 G01 X42;	循环加工结束程序段
M03 S1200;	
G70 P1 Q8;	
G00 X100;	快速退刀至换刀点
Z100;	
M05;	主轴停止转动
M30;	程序结束并返回

表 6-8　　　　　　　　　　右端加工程序

程序内容	说明
O0002;	右端加工程序号
M03 S800;	启动主轴，转速 800 r/min
T0101;	换 1 号刀（外圆刀）
G00 X100 Z100;	快速移动至换刀点
X42 Z2;	循环起点
G73 U6 R6;	设定 G73 粗加工参数
G73 P1 Q2 U2 W0 F0.3;	
N1 G42 G00 X20;	循环加工开始程序段
G01 X26.85 Z-1.5 F0.15;	
Z-20;	
X29.64;	
G03 X35 Z-30 R20;	
G01 Z-35;	
X26 Z-43;	
Z-48;	
G02 X32 Z-51 R3;	
G01 X36;	
N2 X42 Z-54;	循环加工结束程序段
M03 S1200;	

续表

程序内容	说明
G70 P1 Q2;	精加工
G40;	
G00 X100 Z100;	
T0202;	换2号刀,切槽刀
M03 S300;	转速 300 r/min
G00 X32 Z-20;	快速定位
G01 X23 F0.1;	切削退刀槽
G04 X3;	暂停3 s,对槽底进行光整
X32;	
G00 X100 Z100;	快速退刀至换刀点
T0303;	换3号刀(外螺纹刀)
M03 S600;	主轴转速设定
X30 Z10;	螺纹循环起点
G76 P021060 Q200 R0.1;	螺纹循环加工参数设置
G76 X25.05 Z-17 P975 Q300 F1.5;	
G00 X100 Z100;	刀具返回换刀点
M05;	主轴停止
M30;	程序结束并返回

五、精度检测

零件加工精度检测评分表见表6-9。

表6-9　　　　零件加工精度检测评分表

序号	名称	配分	项目及技术要求	评分标准	检测记录	得分
1	主要尺寸 (66分)	15	$\phi 28_{-0.03}^{0}$	每超差0.02扣1分		
2		10	$\phi 38_{-0.03}^{0}$	每超差0.02扣1分		
3		15	$\phi 26 \pm 0.03$	每超差0.02扣1分		
4		8	$\phi 35 \pm 0.03$	每超差0.02扣1分		

续表

序号	名称	配分	项目及技术要求	评分标准	检测记录	得分
5		4	长度 $15_{-0.05}^{0}$	每超差 0.02 扣 1 分		
6		4	长度 $11_{0}^{+0.04}$	每超差 0.02 扣 1 分		
7		4	长度 77±0.03	每超差 0.02 扣 1 分		
8		6	M27×1.5-6g	不合格不得分		
9	次要尺寸 (14 分)	4	R20 圆弧	不合格不得分		
10		4	R3 圆弧	不合格不得分		
11		6	倒角 C1.5	不合格不得分		
12	主观评分 (20 分)	6	已加工零件去毛刺是否符合图样要求			
13		8	已加工零件是否有划伤、碰伤和夹伤			
14		6	已加工零件与图样要求的一致性			
15	更换毛坯 (扣 3 分)	0	是否更换毛坯（是/否）			
16	职业素养 扣分	0	能正确穿戴工作服、工作鞋、安全帽等劳动防护用品。每违反一项，扣 2 分			
17			能按机床使用规范正确进行开关机、对刀等基本操作。每误操作一次，扣 2 分			
18			能规范使用及保养工具、量具和辅具。每违规操作一次，扣 2 分			
19			能做好设备清洁、保养工作。不清洁，不保养，扣 3 分；保养不彻底，扣 2 分			
总配分		100	总得分			

模块 2 综合训练课题二

【学习目标】

1. 了解零件工艺分析的一般步骤，理解工序安排的意义。

2. 掌握复杂零件加工的工艺方法。

3. 运用适合的复合循环指令对零件加工。

4. 学习加工路线的拟定方法。

一、工作任务

应用所学指令完成图 6-3 所示零件的加工,材料为 45#,毛坯为 $\phi 50$ mm×99 mm 棒料。

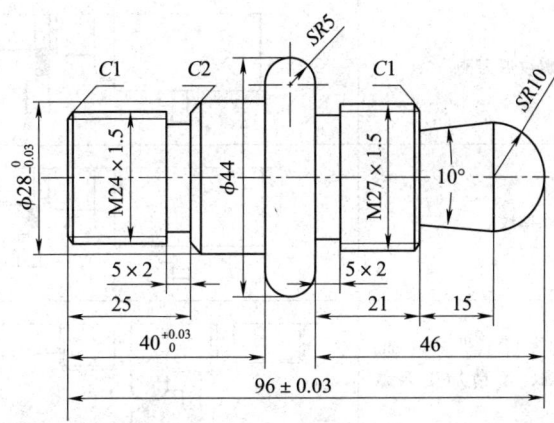

图 6-3 综合训练课题二

二、任务实施

1. 工艺分析

本工件中要求精度较高的尺寸有 $\phi 28_{-0.03}^{0}$、长度 $40_{0}^{+0.03}$、长度 $96_{-0.03}^{+0.03}$,工件左、右两侧都有螺纹加工,要求同轴度较高,在装夹定位时要合理安排工艺,保证零件精度。

加工工艺路线见表 6-10。

表 6-10　　　　　　　　　　加工工艺路线

操作步骤	加工简图
（1）夹持工件，伸出 50 mm，粗车外圆，留精加工余量 0.5 mm	
（2）精加工外轮廓至零件图样尺寸	
（3）车削螺纹退刀槽	
（4）车削外螺纹	
（5）调头夹持工件 $\phi 28$ mm 处，粗车外圆，留精加工余量 2.7 mm	
（6）精加工外轮廓至零件图样尺寸	
（7）车削螺纹退刀槽	
（8）车削外螺纹	

2. 数值计算

（1）M24×1.5 外螺纹。

$d_{大径} = d - 0.1P = 24 - 0.1 \times 1.5 = 23.85$（mm）

$d_{小径} = d_{大径} - 1.3P = 24 - 1.3 \times 1.5 = 22.05$（mm）

根据附表，查得螺纹每次的切削深度，确定 $X_1 = 24 - 0.8 = 23.2$，$X_2 = 23.2 - 0.6 = 22.6$，$X_3 = 22.6 - 0.4 = 22.2$，$X_4 = 22.2 - 0.16 = 22.04$。

（2）M27×1.5 外螺纹。

$d_{大径} = d - 0.1P = 27 - 0.1 \times 1.5 = 26.85$（mm）

$d_{小径} = d_{大径} - 1.3P = 27 - 1.3 \times 1.5 = 25.05$（mm）

根据附表，查得螺纹每次的切削深度，确定 $X_1 = 27 - 0.8 = 26.2$，$X_2 = 26.2 - 0.6 = 25.6$，$X_3 = 25.6 - 0.4 = 25.2$，$X_4 = 25.2 - 0.16 = 25.04$。

（3）加工圆锥角为 10°的圆锥小径。根据正切函数，得到圆锥小径为 17.38 mm，即坐标为（17.38，-25）。

3. 选择刀具及切削用量

根据零件加工要求，选用 SANDVIK（山特维克）刀具系统，确定刀具和切削用量，见表 6-11。

表 6-11　　　　刀具及切削用量表

工步号	工步内容	刀具号	刀具规格	主轴转速（r/min）	进给速度（mm/r）	背吃刀量（mm）
1	粗车左端外轮廓	T0101	QS-TR-D13JCR　2525HP	800	0.3	2
2	精车左端外轮廓	T0101	QS-TR-D13JCR　2525HP	1 200	0.2	0.25
3	切槽	T0202	N123H2-0400-0002-GF	300	0.1	
4	车三角形螺纹	T0303	266RFGZ2525-22	600	1.5	
5	调头粗车右端外轮廓	T0101	QS-TR-D13JCR　2525HP	800	0.3	2
6	精车右端外轮廓	T0101	QS-TR-D13JCR　2525HP	1 200	0.2	1.35
7	切槽	T0202	N123H2-0400-0002-GF	300	0.1	
8	车三角形螺纹	T0303	266RFGZ2525-22	600	1.5	

4. 加工程序（见表 6-12 和表 6-13）

表 6-12　　　　　　　　左端加工程序

操作步骤 1~4 程序内容

O0001;

M03 S800;

T0101;

G00 X100 Z100;

X52 Z2;

G71 U2 R1;

G71 P1 Q2 U0.5 W0 F0.3;

N1 G42 G00 X18;

G01 X23.85 Z-1 F0.2;

Z-20;

X24 Z-25;

X28 Z-27;

Z-40;

X34;

G03 X44 Z-45 R5;

N2 G01 Z-47;

M03 S1200;

G70 P1 Q2;

G40;

G00 X100 Z100;

T0202 M03 S300;

G00 X30 Z-25;

G01 X20 F0.1;

X30 F0.3;

Z-24;

续表

操作步骤 1~4 程序内容
X20 F0.1;
X30 F0.3;
G00 X100 Z100;
T0303 M03 S600;
X30 Z5;
G92 X23.2 Z-22 F1.5;
X22.6;
X22.2;
X22.04;
G00 X100 Z100;
M05;
M30;

表 6-13　　　　　　　　　右端加工程序

操作步骤 5~8 程序内容
O0002;
M03 S800;
T0101;
G00 X100 Z100;
X52 Z2;
G71 U2 R1;
G71 P1 Q2 U2.7 W0 F0.3;
N1 G42 G00 X-2;
G01 Z0 F0.2;
X0;
G03 X20 Z-10 R10;
G01 X17.38 Z-25;
X25;

· 263 ·

续表

操作步骤 5~8 程序内容
X26.85 Z-26;
Z-46;
X34;
G03 X44 Z-51 R5;
N2 G01 Z-53;
M03 S1200;
G70 P1 Q2;
G40;
G00 X100 Z100;
T0202;
M03 S300;
G00 X45 Z-46;
G01 X23 F0.1;
X36 F0.3;
Z-45;
X23 F0.1;
X36 F0.3;
G00 X100 Z100;
T0303;
M03 S600;
G00 X30 Z-20;
G92 X26.2 Z-42 F1.5;
X25.6;
X25.2;
X25.04;
G00 X100 Z100;
M05;
M30;

三、精度检测

零件加工精度检测评分表见表 6-14。

表 6-14　　　　零件加工精度检测评分表

工件编号				得分		
序号	名称	配分	项目及技术要求	评分标准	检测记录	得分
1	主要尺寸 (58 分)	15	$\phi 28_{-0.03}^{0}$	每超差 0.02 扣 1 分		
2		10	M24×1.5	通规止规都通得 4 分		
3		15	M27×1.5	通规止规都通得 4 分		
4		8	长度 $40_{0}^{+0.03}$	每超差 0.02 扣 1 分		
5		10	长度 96±0.03	每超差 0.02 扣 1 分		
6	次要尺寸 (22 分)	8	SR5	不合格不得分		
7		6	SR10	不合格不得分		
8		8	倒角 C1、C2	不合格不得分		
9	主观评分 (20 分)	6	已加工零件去毛刺是否符合图样要求			
10		8	已加工零件是否有划伤、碰伤和夹伤			
11		6	已加工零件与图样要求的一致性			
12	更换毛坯 (扣 3 分)	0	是否更换毛坯（是/否）			
13	职业素养 扣分	0	能正确穿戴工作服、工作鞋、安全帽等劳动防护用品。每违反一项，扣 2 分			
14			能按机床使用规范正确进行开关机、对刀等基本操作。每误操作一次，扣 2 分			
15			能规范使用及保养工具、量具和辅具。每违规操作一次，扣 2 分			
16			能做好设备清洁、保养工作。不清洁，不保养，扣 3 分；保养不彻底，扣 2 分			
总配分			100			

【任务拓展】

1. 图 6-4 所示零件为球头阀芯,毛坯为 $\phi 50$ mm×105 mm 棒料,试完成零件加工。

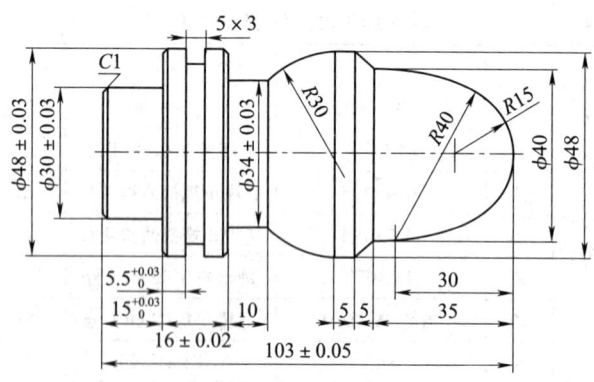

图 6-4 拓展课题一

2. 应用所学指令完成图 6-5 所示零件的加工,毛坯为 $\phi 60$ mm×96 mm 棒料。

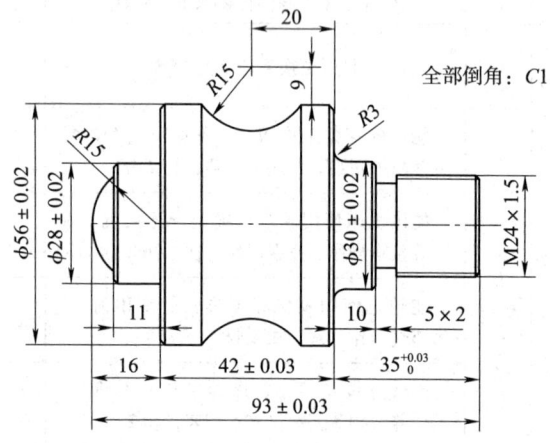

图 6-5 拓展课题二

培训建议

一、培训目标

本培训课程介绍数控车床的各方面操作以及工具、夹具、量具、刀具、工件的车削等，其中刀具和工件的车削为重点，学完本课程应达到以下基本要求。

1. 理论知识培训目标

（1）了解数控车床的基本组成部分及其作用。

（2）了解数控技术在车削加工中的应用及其加工特点。

（3）掌握简单零件加工工艺及程序的编制技巧。

（4）在学习过程中逐步了解零件加工工艺过程，建立数控车削加工的最基本的理念。

2. 操作技能培训目标

（1）掌握初级数控车工应具备的基础知识和各种典型表面的加工操作方法。

（2）掌握初级数控车工所要求的操作技能。

（3）能够正确执行安全技术操作规程。

（4）掌握数控车床加工简单零件的工艺过程和操作方法。

二、培训课时安排

总课时数：150课时

理论知识课时：30课时

操作技能课时：120课时

具体见培训课时分配表。

培训课时分配表

培训内容	理论知识课时	操作技能课时	总课时	培训建议
第1单元 数控机床基础知识	3		3	重点：数控机床的产生、发展及工作原理 难点：掌握数控机床的工作原理，各组成部分的性能特点 建议：数控机床的组成及工作原理可以使用多媒体教学方法，运用讨论式教学
模块1 认识数控机床	1			
模块2 数控机床的组成及工作原理	1			
模块3 数控机床的分类	1			
第2单元 数控车削加工工艺基础知识	7		7	重点：数控加工工艺的制定，数控车削编程 难点：工件在机床上的定位装夹 建议：使用举例演示的方式结合多媒体教学
模块1 数控加工工艺制定	2			
模块2 工件在数控车床上的定位与装夹	2			
模块3 数控车床刀具的选择	1			
模块4 数控机床坐标系统	1			
模块5 数控车削编程	1			

续表

培训内容	理论知识课时	操作技能课时	总课时	培训建议
第3单元 数控车床仿真加工	2	10	12	重点：掌握仿真软件操作方法 难点：应用仿真软件完成典型零件的仿真加工 建议：先由教师示范规范性操作，学员再按教师指点独立完成仿真加工
模块1 数控仿真软件介绍	1			
模块2 数控仿真软件的应用	1	2		
模块3 数控仿真软件加工实例		8		
第4单元 数控车床操作、维护与保养		10	10	重点：了解数控车床控制面板的结构，掌握数控车床基本操作 难点：掌握数控车床控制面板各功能键的功能 建议：先由教师示范规范性操作，学员可以组为单位到机床进行实践操作，互相练习、评议；可采用讨论式学习法
模块1 FANUC 0i Mate-TC 数控车床介绍		1		
模块2 FANUC 0i Mate-TC 数控车床基本操作		8		
模块3 数控车床的日常维护与保养		1		
第5单元 零件的数控车床加工	18	80	98	重点：数控编程指令的使用方法，零件加工工艺编制 难点：合理使用编程指令 建议：先由教师进行讲解并示范规范性操作，学员先进行仿真演练，然后到机床进行实训加工；有关理论知识可采用讲解、演示及讨论式学习法
模块1 外圆柱面的加工	2	12		
模块2 外圆锥面的加工	2	8		
模块3 端面的加工	2	10		

续表

培训内容	理论知识课时	操作技能课时	总课时	培训建议
模块4 外圆弧面的加工	2	10		重点：数控编程指令的使用方法，零件加工工艺编制 难点：合理使用编程指令 建议：先由教师进行讲解并示范规范性操作，学员先进行仿真演练，然后到机床进行实训加工；有关理论知识可采用讲解、演示及讨论式学习法
模块5 外圆粗车复合循环G71/G70的应用	2	12		
模块6 封闭切削复合循环G73/G70的应用	2	12		
模块7 螺纹的加工	6	16		
第6单元 技能综合训练		20	20	重点：综合结构零件加工工艺编制 难点：合理制定加工工艺 建议：先由教师进行讲解并示范规范性操作，学员先进行仿真演练，然后到机床进行实训加工；有关理论知识可采用讲解、演示及讨论式学习法
模块1 综合训练课题一		10		
模块2 综合训练课题二		10		
合计	30	120	150	

附件1　FANUC Oi Mate-TC 系统常用的准备功能指令

G 指令	组号	功能	模态
★G00	01	快速定位	*
G01		直线插补（切削进给）	*
G02		圆弧插补（顺时针）	*
G03		圆弧插补（逆时针）	*
G04	00	暂停	
G20	02	英制输入	*
★G21		公制输入	*
G32	01	螺纹单步切削	*
★G40	07	取消刀尖半径补偿	*
G41		刀尖半径左补偿	*
G42		刀尖半径右补偿	*
G70	00	精加工循环	
G71		外圆粗车复合循环	
G72		端面粗车复合循环	
G73		封闭车削复合循环	
G74		端面深孔加工循环	
G75		切槽加工循环	
G76		复合型螺纹车削循环	
G90	01	外圆单一车削循环	*
G92		螺纹单一车削循环	*
G94		端面单一车削循环	*

续表

G 指令	组号	功能	模态
G96	02	恒速切削控制	*
★G97		恒速切削控制取消	*
G98	05	每分钟进给设定	*
★G99		每转进给设定	*

注：带★号的 G 指令表示接通电源时，即为该 G 指令状态。

附件2　数控车床操作规范

1. 操作机床穿好劳动服，戴护目镜，禁止戴手套。
2. 操作机床时精力集中，不能分神，不允许脱岗。
3. 机床操作前检查设备、刀具是否完好。
4. 开机先回零，并检查机床各功能是否正常。
5. 对刀切削时用手轮"×0.01"倍率。对刀输入补偿数值前，先确定刀位及刀补位是否正确，再输入数值。
6. 在执行程序前，必须对程序进行校验，看形状、坐标点是否正确。
7. 图形校验后要回零。
8. 程序运行前要做到"三确定"，即程序内容对应加工内容，所用刀具以完成对刀操作，工件伸出长度满足加工要求。
9. 换刀时，确保刀具有足够的换刀空间。
10. 程序首次试切时，建议使用单段运行功能，并校验（X100，Z100）和循环起始点位置，之后在确保安全的前提下，可关闭单段开关。
11. 程序首次试切时，时刻观察刀具切削状态，同时将手放在急停开关上，以便随时应对紧急事件。
12. 切削工件时若发现零件颤动，应适当调整切削参数，严重时停止切削。
13. 加工时如发现有缠屑现象，待机床进给停止或手动暂停后，再用铁钩等物将其除去，严禁用手直接拉扯切屑。
14. 不得擅自修改机床参数，不得执行未经允许的操作。
15. 工作后认真清理机床，清洁生产区域内卫生，切屑分类收集，及时整理刀具、量具和毛坯。

参考文献

［1］华茂发. 数控机床加工工艺［M］. 北京：机械工业出版社，2000.

［2］陈亚岗. 数控车床编程与操作［M］. 苏州：苏州大学出版社，2015.

［3］谢晓红. 数控车削与加工技术［M］. 北京：电子工业出版社，2008.